EXTINCIONES

EL CREPÚSCULO DE LAS ESPECIES

Guion:
Jean-Baptiste de Panafieu

Dibujo y color:
Alexandre Franc

Traducción:
Montserrat Terrones

GARBUIX
BOOKS

Título original: *Extinctions. Le crépuscule des espèces*

De la edición en lengua española: © 2022 Garbuix Books, SL.
www.garbuixbooks.com
Primera edición: enero de 2022

Impresión: Edelvives

Traducción: © 2022 Montserrat Terrones
Maquetación y rotulado: Gabriel Regueiro
Corrección: Joana Castells

DEPÓSITO LEGAL: B 19506-2021
ISBN: 978-84-123326-5-0

-1-

LA ISLA HEYERDAHL

Isla Heyerdahl, océano Ártico. Principios de julio.
El barco se marcha... ¡Y no vuelve hasta septiembre! ¿Cómo pude proponer este reportaje?
¿Dónde está Luis?
¿Luis?
¿¡LUIS!?
¡Ah, estás ahí!
Estaba haciendo algunas panorámicas. ¡Hay un montón de pájaros!
No vuelvas a desaparecer así. Me he asustado.

Es un fulmar.
¿Cómo?
El pájaro que he visto.
Es un fulmar.
Ah.
FULMAR
¡El paisaje es magnífico, totalmente salvaje!
Sí, es angustioso...
¿Cómo nos las arreglaremos durante dos meses, aislados del mundo? ¿Estás seguro de que no hay osos polares?
Alice dice que no.
¡Sin tiendas, sin internet, tanta soledad nos va a volver locos! Nos mataremos, nos devoraremos los unos a los otros... Existen precedentes en las expediciones polares...
Tenemos víveres para tres meses, y una conexión por satélite en caso de emergencia.
Genial.
Espera, ya lo llevo yo...
¿No sería mejor ayudar a los demás a montar el campamento?
No, primero las imágenes. Coge la cámara.

Emma, Luis, ¿todo bien? ¿Habéis montado vuestras tiendas?
Eh, le he dicho a Luis que lo haga antes de la noche...
¿La noche? ¡Ja, ja!
Aquí no hay noche, es el verano boreal. ¡El sol no se pone durante cuatro meses!
medianoche
6h
18h
N
E
O
S
mediodía
Había olvidado este detalle. Será práctico para dormir...
Al menos ahorraremos con la iluminación.
Tenemos paneles solares para recargar las baterías. Pero el sol está bajo, no muy fuerte. Pronto va a estar detrás de las montañas.
El motor diésel va bien.
VRRRR
PPTTT
PPTTT
PPTTT
¡PUAJ!
Gas butano. Los raviolis en conserva, mejor calientes.
Con esta madera de deriva haremos una buena fogata.
Estamos en una isla y no somos autosuficientes con la energía.
Ven, vamos a entrevistar a Alice...

Alice, ¿puedo hacerte unas preguntas? Serán cinco minutos...
Sí, vale.
Te pongo un pequeño micro.
¿Estás listo, Luis?
Vamos.
Alice, ¿puedes presentarte?
Me llamo Alice y soy la directora de investigación y jefa de esta misión científica.
Sí... ¿Podrías ser un poco menos formal?
OK.
Me llamo Alice e investigo los efectos del calentamiento global en la fauna y la flora de las regiones árticas.
Mi equipo y yo vamos a pasar dos meses aquí, en la isla Heyerdahl, en pleno océano Ártico.
Trabajo con Yann, botanista...
... Charlotte, especialista en biología marina...
... así como con dos paleontólogos noruegos especialistas en fósiles: Sven...
... y Trygve, que se han sumado a nosotros para estudiar las rocas de la isla.
Sven y Trygve también van a lanzarse a la búsqueda del tesoro... O más bien, ¡de la momia!

Una primera expedición vino aquí hace diez años.
Entonces, los investigadores descubrieron un pequeño rinoceronte lanudo sepultado en el permafrost...
¿Permafrost?
La tierra que permanece helada todo el año.
campamento
trilobites
estación ballenera
glaciar
rinoceronte lanudo
Isla de las Morsas
Estaba muy bien conservado, con su piel y su pelo, pero los investigadores no estaban equipados para extraerlo.
Sven y Trygve quieren encontrarlo.
Miau...
!?
¿No has oído el maullido?
Pues no...
Que haya gatos aquí sería catastrófico para los pájaros que anidan en el suelo...
¿Ah, sí?
En todo el planeta, los gatos han devastado las faunas insulares. Aquí aún se ha preservado...
Sí.
¿Todo esto es vuestro?
Montad vuestras tiendas antes de la cena. ¿Nos vemos después?
¡OK!

No, en principio no hay osos en la isla, pero hay que estar alerta, siempre puede llegar uno con el hielo...
¿Los trozos de hielo que vemos flotar en el agua?
Sí. Los osos se dejan ir a la deriva sobre un banco de hielo. Pueden atravesar el mar desde Groenlandia.
En caso de peligro, tenemos el fusil. Pero mejor evitemos usarlo. ¡Un oso herido es aún más peligroso!
De todos modos, está prohibido matarlos. Están protegidos.
Pero, ¿y si nos atacan?
Son más bien ellos los que tienen buenas razones para temernos a nosotros...
Hasta los años 60 se les cazó sin control alguno. Después su caza se ha vigilado cada vez más. Pero hoy, con el calentamiento global, vuelven a estar amenazados.
Gracias, Yann.
Sin embargo, pueden encontrar qué comer, peces, aves, renos...
Un oso polar se alimenta especialmente de focas, que caza sobre todo en la banquisa...

El verano es siempre la estación más difícil para ellos. Salvo que se encuentren con una tropa de morsas o una ballena varada.
Estos últimos años, el verano es más caluroso y más largo. La banquisa cada vez se reduce más.
Justo por eso cada vez les cuesta más llegar hasta aquí.
¿Y entonces, aún quedan?
Sí, pensamos que quedan alrededor de 25.000, repartidos en 19 poblaciones distintas.
¿Todo marcha bien para ellos, entonces?
A corto plazo no corren peligro de extinguirse, pero todos sus refugios se están reduciendo. No es seguro que sean capaces de adaptarse.
Los osos no son los únicos que están afectados por el cambio climático. Estamos aquí para estudiar las plantas y el resto de animales, terrestres y marinos.
¿Dónde está Emma?
¡Es apasionante! ¡Tenéis que contárnoslo ante la cámara!
¿Quedan raviolis?

- 2 -

THE GREAT DYING

Al día siguiente
¡Dios, necesitaríamos un camino un poco practicable!
¡Eh, Sven! ¿Aún está lejos?
Poco más de dos horas.
Me voy a acabar haciendo un esguince con estas piedras. Si al menos fuera para ir a ver al rinoceronte...
No es él lo que nos interesa hoy, sino esto.
¿Qué es esto?
TRILOBITES. Animales marinos.
TOC
¿Como cangrejos?
En su forma de vida, sí. Pero se parecen más a las arañas.
Vivieron en el paleozoico.

Arañas que parecen cangrejos... Preferiría hablar del rinoceronte.
Para nosotros es parecido. Los trilobites han desaparecido, como los rinocerontes lanudos. No fue en la misma época ni por las mismas razones, pero queremos saber por qué.
Bueno, vamos a aprovechar para entrevistarte. ¿Listo, Luis?
Vale, pero tenemos que seguir avanzando.
Sven, cuéntanos la historia de los trilobites. En menos de un minuto, por favor.
Los trilobites aparecieron hace unos 520 millones de años...
A lo largo de su evolución, crearon miles de especies diferentes, que vivían en todos los mares del globo.
Y luego, hace 252 millones de años, ¡desaparecieron!
Disculpa que te interrumpa, pero, ¿sabemos cómo?
Nunca hemos encontrado trilobites en las rocas más jóvenes.
-100 millones de años
-252 millones de años
Es así como hemos comprendido que las especies pueden desaparecer. Fue un shock para los primeros geólogos.
Conocemos a los trilobites desde el siglo XVIII, pero se les consideraba simples cangrejos. Y después, en el siglo XIX, se tuvo que admitir que eran diferentes de todo lo que existe hoy.
¡Y que habían desaparecido!

¡En esa época, para la mayoría de la gente los fósiles eran los restos de los animales que se ahogaron en el Diluvio Universal!
Suponían un verdadero problema teológico: su desaparición les obligaba a reconocer que la creación de Dios no era perfecta.
Pero para los científicos cada vez era más evidente que muchas especies se habían extinguido. Es lo que afirmaba Georges CUVIER, un zoólogo francés.
GEORGES CUVIER 1769-1832
Fue un excelente anatomista. Comparó las especies fósiles con las actuales y afirmó que se trataba de especies «desaparecidas».
De todos modos, estos animales parecen haber sido aniquilados por las antiguas revoluciones de nuestro planeta.
Según Cuvier, estas «revoluciones del globo» son transformaciones geológicas y climáticas mayores, y el Diluvio es la más reciente de entre ellas.
Pero poco a poco, los geólogos se dieron cuenta de que las extinciones tuvieron lugar en periodos muy diferentes y que la tesis «catastrofista» de Cuvier no lo explica todo...
¡Mis brazos! Suerte que había dicho en «menos de un minuto».
...

¡OH!
Perdón...
¡Ah! Son escribanos nivales.
ESCRIBANO NIVAL
Más que invocar causas extraordinarias, los científicos van a referirse a fenómenos lentos y progresivos, parecidos a los que tienen lugar actualmente.
Es el ACTUALISMO.
1797-1875
Así, en 1830, el geólogo inglés Charles LYELL sostiene que los eventos geológicos se desarrollan de forma imperceptible, pero en periodos muy largos.
En 1859, Charles DARWIN se inscribe en la misma corriente de pensamiento cuando publica su libro «El origen de las especies». Para él, las plantas y los animales evolucionan lentamente, durante millones de años.
1809-1882
Sus ideas actualistas representan entonces la modernidad de la biología y de la geología frente a las viejos delirios creacionistas y catastrofistas. Acaban ganando entre la mayor parte de los científicos.
¿Y hoy en día?
Pensamos que la evolución es en general lenta, pero que a veces se producen catástrofes.
Y que la extinción de las especies es un fenómeno banal en la historia de la vida.
¿Estás bien, Emma? ¿No te cansas?
¡No, no!

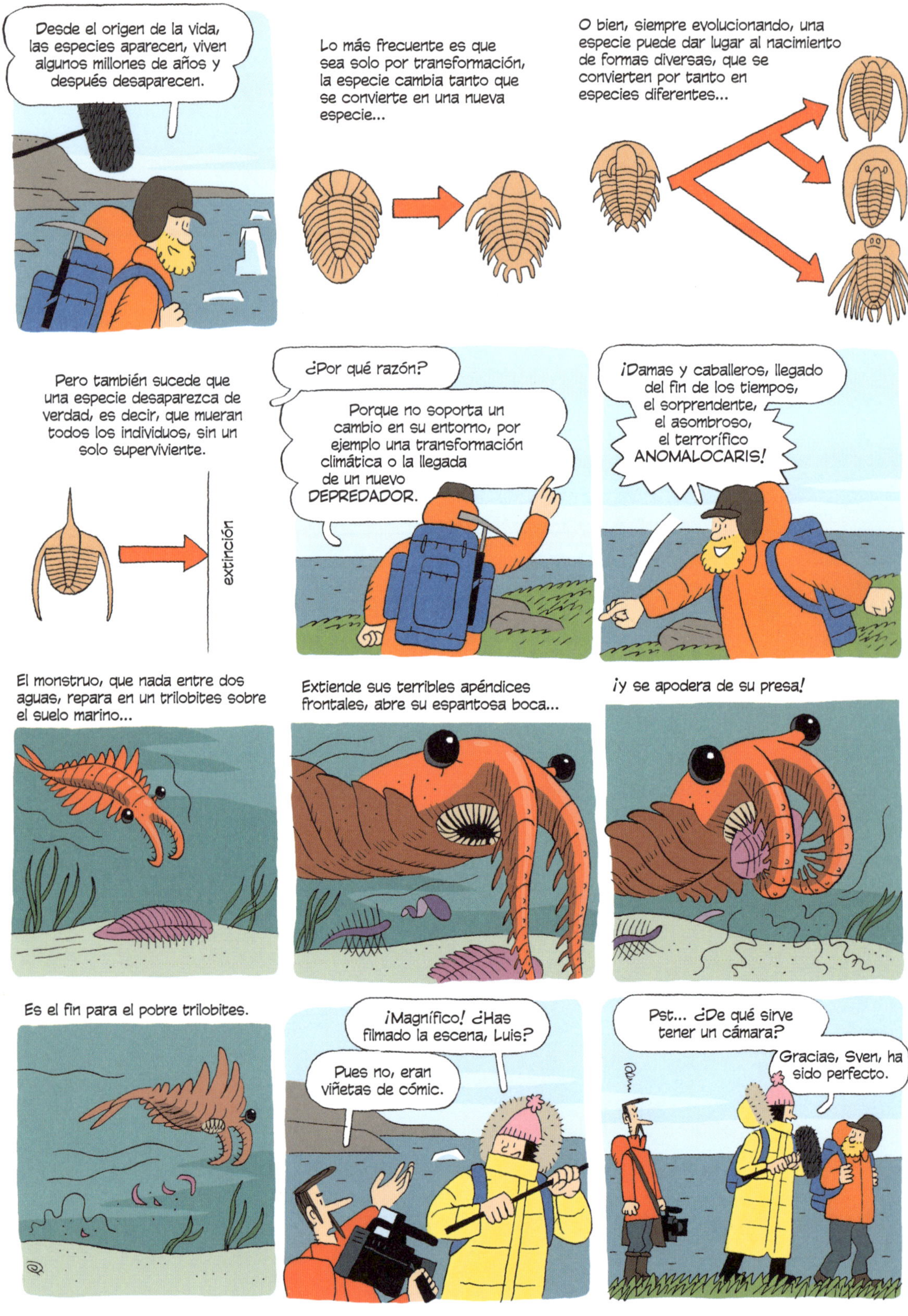
Desde el origen de la vida, las especies aparecen, viven algunos millones de años y después desaparecen.
Lo más frecuente es que sea solo por transformación, la especie cambia tanto que se convierte en una nueva especie...
O bien, siempre evolucionando, una especie puede dar lugar al nacimiento de formas diversas, que se convierten por tanto en especies diferentes...
Pero también sucede que una especie desaparezca de verdad, es decir, que mueran todos los individuos, sin un solo superviviente.
extinción
¿Por qué razón?
Porque no soporta un cambio en su entorno, por ejemplo una transformación climática o la llegada de un nuevo DEPREDADOR.
¡Damas y caballeros, llegado del fin de los tiempos, el sorprendente, el asombroso, el terrorífico ANOMALOCARIS!
El monstruo, que nada entre dos aguas, repara en un trilobites sobre el suelo marino...
Extiende sus terribles apéndices frontales, abre su espantosa boca...
¡y se apodera de su presa!
Es el fin para el pobre trilobites.
¡Magnífico! ¿Has filmado la escena, Luis?
Pues no, eran viñetas de cómic.
Pst... ¿De qué sirve tener un cámara?
Gracias, Sven, ha sido perfecto.

Conocemos alrededor de 25.000 especies fósiles, pero creemos que la Tierra ha visto nacer centenares de millones de especies. Y el 99,9 % de ellas hoy están extinguidas.
Es un poco macabro vuestro curro, ¿no?
¡Me encanta!
Sven, ven a ver esto...
¿Crees que es un CHEIROPYGE?
Eso parece.
Esta especie forma parte de los últimos trilobites. Apareció justo antes de la extinción completa.
¿Queiro-qué?
Cheiropyge. Del griego «mano-nalga».
¿Perdón?
La parte trasera del trilobites se llama PIGIDIO. El paleontólogo que describió el cheiropyge en 1897 solo encontró la parte trasera. Lo llamó así por su parecido con el CHEIRURUS («mano-cola»).
El mismo Cheirurus había sido descrito en 1864 por un paleontólogo alemán, pero no sé cómo eligió este nombre. Puede que a partir de la forma del animal, o de un juego de palabras, o del nombre de su mujer...
Estos tíos están locos. ¿Es para encontrar esto que habéis hecho todo este camino?
No, para encontrar ESTO...

Es un estrato muy especial. Se encuentra justo en el límite entre la era primaria, debajo, y la era secundaria, encima.
Me recuerda a un bocadillo. ¿No tenéis hambre?
¿La era secundaria es la época de los dinosaurios?
Sí, pero aquí es justo el principio. Aún no habían aparecido.
¿Y si hacemos aparecer la comida?
En otras regiones del mundo, este estrato es muy rico en níquel y otros minerales que podrían testimoniar una erupción volcánica.
Sabemos que hubo un episodio volcánico en Siberia a finales de la era primaria.
¿Podemos tener un episodio gastronómico?
Erupciones volcánicas de una intensidad inimaginable, durante más de un millón de años, con un último pico hace 252 millones de años.
Creo que voy a tener un pico eruptivo.
El fenómeno produjo millones de km³ de lava muy líquida que se extendió por una superficie comparable a la de la India.
¿Si les hablo de trilobites me escucharán?
¿Cuál es la relación con los trilobites?
Precisamente en esta época, más del 90 % de la fauna mundial había desaparecido.
¡FIN DE LOS TRILOBITES!
OK. Fin de los trilobites, inicio de la comidita.

Hace 252 millones de años, el volcán también emitió cantidades enormes de dióxido de carbono. En esa época, tenía los mismos efectos que hoy: el efecto invernadero. Parece ser que la temperatura media se elevó entre 8 y 10 °C.

¡Algunos mares quizá sobrepasaron los 40 °C!
ME CUEZO...
Los océanos se volvieron cada vez más ácidos por culpa del dióxido de carbono y de los gases sulfurosos emitidos por los volcanes.
¿QUÉ TAL VOSOTROS?
Fue catastrófico para los animales con concha caliza como los corales, los erizos de mar y buena parte del plancton.
!
Muchos geólogos creen que se redujo la cantidad de oxígeno en el agua del mar y de las emisiones de metano provenientes de los fondos oceánicos o de los volcanes.
¡PUAAJ!
Además, entonces, todos los continentes estaban reunidos en uno solo, PANGEA.
Las corrientes marinas y el clima variaron mucho y provocaron las extinciones.
¿SABES ALGO DE JACQUELINE?
NADA.
La fusión de los continentes hizo desaparecer una parte de las zonas costeras...
JURARÍA QUE AQUÍ SE PODÍA GIRAR A LA DERECHA.
... privando de espacio a los animales que vivían a poca profundidad...
¡OTRO REFUGIA-DO!
NO PODEMOS ACOGER A TODA LA MISERIA DEL MUNDO...
¡SÍ, UNA ESCOBA!
?
... y haciendo bajar el nivel del mar.
POR FIN SOLO.
Fue el canto del cisne del cheiropyge.
Un minuto de silencio por el cheiropyge.
Trygve, ¿comes con nosotros o te alimentas de rocas?
Creo que mejor volvemos. Se está nublando.

No todos los científicos están de acuerdo en las causas exactas de la extinción. Pero sí que hay consenso en que tuvo lugar hace un millón de años y en que la mayor parte de las especies marinas y terrestres desaparecieron.
Ha sido la mayor extinción de todos los tiempos. ¡THE GREAT DYING!
En los continentes desaparecieron la mayoría de grandes reptiles...
... sobre todo los herbívoros...
SCUTOSAURUS
ESTEMMENOSUCHUS
Pero también numerosos terápsidos, el grupo en el origen de los mamíferos.
GORGONOPS
Y los animales que a menudo olvidamos, los insectos...
¡THE GREAT DYING!
¡THE GREAT DYING!
¿Qué tal, Alice?
Miau.
?

¡¿Cómo se te ocurre traer a ese gato, Emma?!
Yo... Lo has...
¡Sí, lleva dos horas maullando!
Es Suzy, mi gatita. No he encontrado a nadie con quien dejarla.
¿Te imaginas los daños si se escapa?
No va a escaparse.
Te la quedas en tu tienda y no puede salir, ¿entendido?
Sí.
No quiero ver a ese gato fuera durante toda la misión.
OK, Alice.
Miau.
Sí, sí, ya va.
Me han reñido por tu culpa.
Lo sé, tienes hambre, pero tendrás que esperar a la cena.
Miau.
Toc, toc...
?
¿Te molesto?
Arenques de contrabando, ¿te interesa?
Sven, tú sí que nos comprendes.

Disculpa, Alice, no tendría que haber traído al gato. Pero tenía que rodar esta película, ¿lo entiendes?
Sí, pero por Dios, vigílala bien.
Bonito paseo, ¿no?
Más bien educativo.
Sí, le hemos dado un serio repaso a los trilobites.
Unos animales apasionantes, pero no sustituyen a un buen rinoceronte lanudo. ¿Lo veremos pronto?
Paciencia, Emma...
¡No va a desaparecer, YA ha desaparecido! ¡Ji, ji!
Y antes de él hubo un montón de otras extinciones.
Sin duda...
La más célebre es la que se produjo a finales del mesozoico, hace 66 millones de años.
¡Sí, los DINOSAURIOS!
Los dinosaurios y muchas otras especies...
Y esta vez, conocemos mejor las causas de la catástrofe...
¡El meteorito!

- 3 -

CATÁSTROFES

En 1980, el geólogo americano Walter ALVAREZ afirmó que los dinosaurios habían sido eliminados por el impacto de un asteroide gigante.
Alvarez estudió un estrato de rocas situadas en el límite entre el cretácico, al final del mesozoico, y el paleógeno, al principio del cenozoico.
En todo el mundo este estrato es rico en IRIDIO, un metal que encontramos en ciertos meteoritos.
77
Ir
2 8 18 32 15 2
IRIDIUM
192.217
Además, el final del mesozoico también está marcado por un vulcanismo intenso, esta vez en la India.
¡Más volcanes! Poco variados, estos efectos especiales...
Inmensas nubes de ceniza oscurecieron la atmósfera, y las coladas de lava se acumulaban con kilómetros de grosor. Hoy todavía podemos verlas, son los TRAPS DEL DECÁN.
En cualquier caso, Emma tiene razón: dinosaurios, volcanes, un meteorito, ¿no es un poco hollywoodiense?
Las erupciones empezaron mucho antes de la extinción, pero algunos geólogos se preguntan si el impacto no reactivó el vulcanismo.
Atención, mira el meteorito. Entra en la atmósfera...
¿Listos para el impacto?
¡Sí!
¡Sí!
¡No!

El asteroide medía más de 10 km de diámetro. El choque lo pulverizó, así como también a miles de toneladas de rocas, lo que provocó un tsunami e incendios en todo el mundo, con una nube de polvo que oscureció el cielo durante años.
?
¡Eso ya pasaba por el vulcanismo!
Sí, pero aquí fue más bien brutal. El vulcanismo se extiende durante centenares de miles de años, mientras que los efectos de un impacto son casi instantáneos en lo que se refiere a tiempos geológicos. La suma de los dos acontecimientos provocaron la extinción de ¾ partes de las especies animales...
... como los AMONITES, los BELEMNITES, todos los grandes reptiles marinos...
MOSASAURUS
... y los dinosaurios.
TYRANNOSAURUS REX
¡No todos los dinosaurios, ya que las aves sobrevivieron!
¡Al fin, el gran retorno de Cuvier y el catastrofismo!
Es cierto que la teoría de Alvarez le volvió a dar peso, pero hay una diferencia: no nos inventamos catástrofes para explicar una extinción...
TARBOSAURUS
DEINOCHEIRUS
Al contrario, descubrimos que ha habido una catástrofe, y que esta ha tenido lugar justo en la época de una extinción masiva.
Alvarez reparó en un cráter de 180 km en CHICXULUB, México, que data de esta época. No lo vemos en la superficie, pero las rocas dan testimonio de la intensidad inimaginable del impacto.
TRICERÁTOPS

¿Quién quiere una manzana?
Hay que aprovechar la fruta fresca. Dentro de una semana solo tendremos compota envasada y frutos secos.
En 1980 la extinción de los dinosaurios solo interesaba a los geólogos. Había otra preocupación: el riesgo de una guerra nuclear.
No veo la relación...
Tras el impacto del asteroide, la atmósfera fue invadida por el polvo de las rocas.
Consecuencias: reducción de la iluminación solar, descenso de la temperatura, muerte de la vegetación, desaparición de...
Sí, sí, Sven ya nos lo ha explicado.
Los investigadores modelizaron lo que pasaría en caso de uso masivo de armas atómicas. Según ellos, las explosiones crearían en la estratosfera una nube de partículas que tardaría años en disiparse.
Una nube que tendría los mismos efectos que el impacto con un asteroide: ¡un invierno nuclear equivale a un invierno de impacto! En resumen, una catástrofe climática que se sumaría a las destrucciones ocasionadas por la guerra.
Estos modelos asentaron la idea de que el uso del arsenal nuclear solo ocasionaría pérdidas y que la humanidad no estaba a salvo de una extinción masiva.
En cualquier caso, no ha sido suficiente para hacer desaparecer las armas nucleares.
CROC
CROC
?

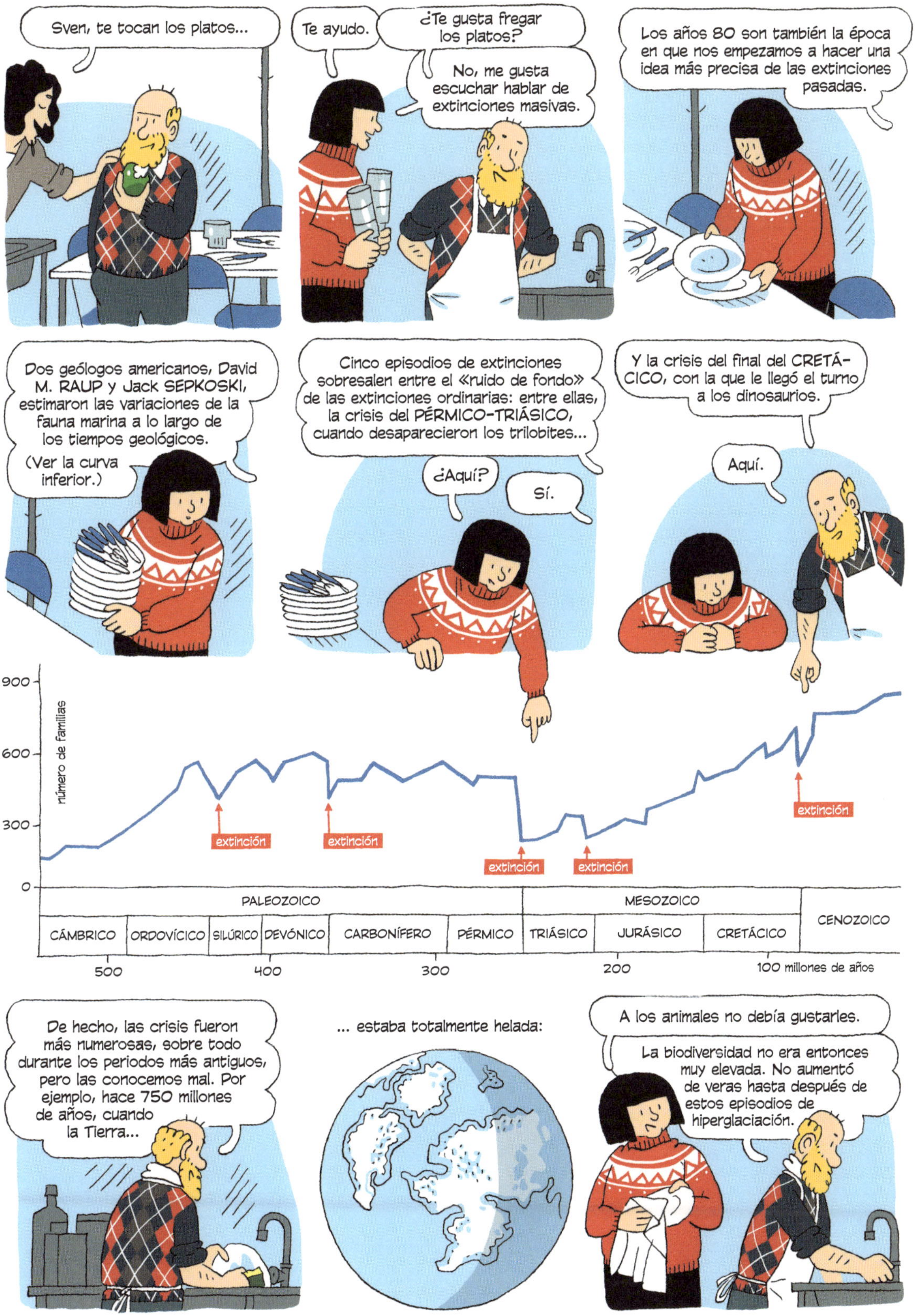

Sven, te tocan los platos...
Te ayudo.
¿Te gusta fregar los platos?
No, me gusta escuchar hablar de extinciones masivas.
Los años 80 son también la época en que nos empezamos a hacer una idea más precisa de las extinciones pasadas.
Dos geólogos americanos, David M. RAUP y Jack SEPKOSKI, estimaron las variaciones de la fauna marina a lo largo de los tiempos geológicos.
(Ver la curva inferior.)
Cinco episodios de extinciones sobresalen entre el «ruido de fondo» de las extinciones ordinarias: entre ellas, la crisis del PÉRMICO-TRIÁSICO, cuando desaparecieron los trilobites...
¿Aquí?
Sí.
Y la crisis del final del CRETÁCICO, con la que le llegó el turno a los dinosaurios.
Aquí.
900
600
300
0
número de familias
extinción
extinción
extinción
extinción
extinción
PALEOZOICO
MESOZOICO
CENOZOICO
CÁMBRICO
ORDOVÍCICO
SILÚRICO
DEVÓNICO
CARBONÍFERO
PÉRMICO
TRIÁSICO
JURÁSICO
CRETÁCICO
500
400
300
200
100 millones de años
De hecho, las crisis fueron más numerosas, sobre todo durante los periodos más antiguos, pero las conocemos mal. Por ejemplo, hace 750 millones de años, cuando la Tierra...
... estaba totalmente helada:
A los animales no debía gustarles.
La biodiversidad no era entonces muy elevada. No aumentó de veras hasta después de estos episodios de hiperglaciación.

Ya me avisas cuando estés harta. Puedo estar hablando de extinciones durante millones de años.
Seguramente te avisaré antes.
Dime, ¿entonces lo de aquí fuera también es glaciación?
Si tienes frío, imagina el inicio del triásico.
Otro aspecto apasionante de estas crisis biológicas son sus consecuencias. ¿Qué sucede TRAS una extinción?
Los grandes depredadores han muerto, otros reptiles se aprovechan, como los ARCOSAURIOS, que son los ancestros de los cocodrilos, de los dinosaurios y de las aves...
Otros pequeños carnívoros, los CINODONTES, van a dar lugar al nacimiento de los primeros mamíferos.
Los LISTROSAURIOS, a los reptiles herbívoros.
Serán los únicos animales terrestres grandes durante millones de años.
Al final del triásico, ¡nueva extinción! Los listrosaurios desaparecen.
Observamos entonces una explosión de nuevas especies en los continentes y océanos.
Empieza el reino de los dinosaurios a lo largo del JURÁSICO y del CRETÁCICO.
Los dino...
¡AAAH!

Es curiosos que los listrosaurios sobrevivieran al apocalipsis y acabasen desapareciendo.
¡Sí!
Queremos comprender por qué ciertas especies logran sobrevivir a las crisis y otras no.
¿Por qué al final del cretácico los dinosaurios desaparecieron y no los cocodrilos?
¡Je, je!
¿Por qué los pterosaurios mueren y las aves no?
¡Ji, ji!
Antes decíamos que era el resultado de un defecto en la estructura. Los dinosaurios eran demasiado grandes, demasiado torpes para sobrevivir, y era inevitable que cediesen su lugar a los mamíferos «más evolucionados».
¿Demasiado grandes y torpes?
¡No, en absoluto! Habían vivido sin dificultades durante 160 millones de años antes de ser sustituidos por los mamíferos.
Solo que tuvieron que enfrentarse a una catástrofe a la que era imposible adaptarse.
Los mamíferos no estaban «más evolucionados». Simplemente tenían las características necesarias para sobrevivir a este acontecimiento.
¿Qué características?
Eran... eh... pequeños.
¿Perdón?
Es cierto, parece que ningún animal de más de 20 o 25 kg sobrevivió. El tamaño pequeño debió de ser una ventaja.
Tal vez porque los animales pequeños son capaces de refugiarse bajo tierra en invierno o durante una sequía.
No cuadra tu explicación. Y los cocodrilos, ¿qué?

¡Buena apreciación! Los cocodrilos, a pesar de su gran tamaño, pueden hibernar durante meses.
Z
¿Y las AVES?
En realidad, la mayor parte de las aves se extinguieron, y solo algunas especies están en el origen de todas las actuales. Habiendo desaparecido los bosques, parece ser que las que sobrevivieron eran las que vivían sobre el suelo.
ASTERIORNIS, ave que caminaba y que sabía volar.
En condiciones normales, una especie sobrevive porque se adapta a los cambios de su entorno.
En un periodo de extinción masiva, el azar juega un papel.
Los supervivientes han tenido la suerte de tener un modo de vida compatible con las nuevas condiciones tras la catástrofe.
Las extinciones masivas han rebatido muchas veces los mapas de la evolución.
En los ecosistemas, las especies que mueren dejan espacio para la aparición de nuevas formas.
EOMAIA
Al principio del cenozoico, los mamíferos evolucionaron rápidamente adaptándose a todos los entornos que los dinosaurios dejaron libres.
Herbívoros...
PTILODUS
TAENIOLABIS
... carnívoros, carroñeros...
Encantador.
ANKALAGON SAUROGNATHUS
... y en algunos millones de años la biodiversidad recuperó su nivel inicial.
Me tranquilizas.

Podemos considerar que los dinosaurios han sobrevivido en forma de aves.
SCANIORNIS
Las grandes aves terrestres, con un aire a los dinosaurios, aparecieron rápidamente.
GASTORNIS, herbívoro
PHORUSRHACOS, carnívoro
¡Vaya monstruo!
Pero pronto son remplazados por los grandes mamíferos, que aprovechan la aparición de un nuevo bioma, la pradera.
En unos millones de años su peso máximo pasa de unos 5 kg a cerca de 100... Algunos de ellos hasta van a competir con los dinosaurios.
Antes, la presencia de dinosaurios impedía toda evolución de los mamíferos hacia especies de gran tamaño.
PARACERATHERIUM (17 toneladas)
¿Qué bestia es esta que no cabe en una viñeta?
Durante 160 millones de años, no habían sobrepasado el tamaño de un tejón, o de un gato grande...
¡Mi gato!

Todo en orden, duerme tranquilo.
¿No quieres irte a dormir tú también?
¡No sin haber oído el final de la historia!
Me estabas contando que sin la desaparición de los dinosaurios nosotros tal vez no estaríamos aquí.
¡Exacto!
Su extinción permitió a los mamíferos diversificar su tamaño, pero también evolucionar en otras especies diferentes de las formas iniciales.
¿Los murciélagos podrían haber aparecido en un mundo poblado por pterosaurios...
OK, OK...
... y las ballenas en océanos infestados de reptiles marinos gigantes?
VALE, VALE...
Los dinosaurios tal vez habrían acabado desapareciendo, pero los mamíferos sin duda habrían evolucionado de forma diferente.
¿Y los simios?
Existen desde el cretácico, pero los auténticos simios, con nariz y pulgares oponibles, aparecieron hace 40 o 50 millones de años, bastante después de la crisis.
Innumerables acontecimientos habrían podido modificar su historia, y los simios no habrían dado jamás lugar a los HOMÍNIDOS... ¡y al HOMO SAPIENS!
¡Las extinciones son positivas!
Sí, si contamos en millones de años.
Gracias a las extinciones, estamos aquí, esta noche, en esta playa...
... tú y yo...

¡Maldito país donde nunca se hace de noche! ¿No podría haber un bonito cielo estrellado por una vez?
La evolución no sigue ninguna dirección privilegiada. Es totalmente imprevisible.
Nuestra historia depende de una gran cantidad de acontecimientos que han dado lugar a una sola entre innumerables posibilidades.
Sí...
Una historia increíblemente larga, dirigida a la vez por las imposiciones de nuestros genes y por los accidentes de nuestro entorno.
Nuestro entorno...
Una historia que compartimos con todas las otras especies actuales.
Las otras especies...
Los biólogos han descrito entre 1,5 y 2 millones de especies, pero estimamos que existen tal vez 10 millones. La mayor parte todavía desconocidas.
Hoy en día la biodiversidad es muy elevada, probablemente más que en ninguna otra época de la historia de la Tierra.
Sin embargo, se encuentra confrontada a una amenaza de la misma envergadura que las crisis precedentes.
Algunos biólogos estiman que hoy, la tasa de extinción es de 100 a 1.000 veces mayor que la del nivel básico de extinciones, sin contar las crisis.
Después de 5 grandes extinciones, ¡puede que estemos asistiendo al principio de la sexta!
Es lo que he venido a filmar...

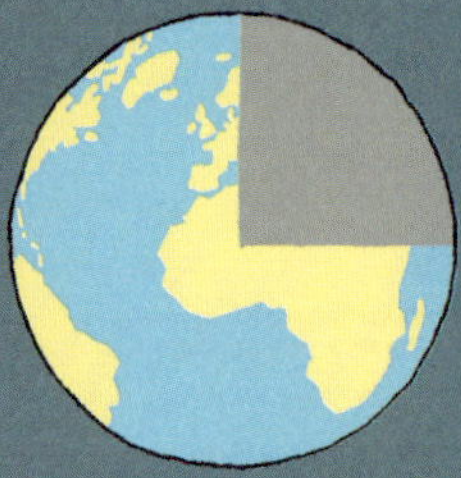

- 4 -

LA MUERTE DE LAS BALLENAS

Pasan los días...
¡AAAH!
¡Brrr, está helada!
Tengo un amigo survivalista que se ducha con agua fría para entrenarse... ¡Pero como la encuentra muy fría, solo se ducha una vez a la semana!
¡Ji, ji!
¿Todo bien, Emma?
¡Genial!
Hago una pausa, voy a ir a la antigua estación ballenera. ¿A Luis y a ti os interesa?
Está allí, justo detrás del cabo.
¡Vale!
¿El fusil es porque nos arriesgamos a encontramos con un oso?
Al lado del mar, nunca se sabe.
Bien.
¿Entonces por qué Sven y Trygve no lo cogieron el otro día, para la expedición de los trilobites?
Debieron.
Genial. Luis, no nos separemos.
Mira, en vez de osos...
¡Focas!

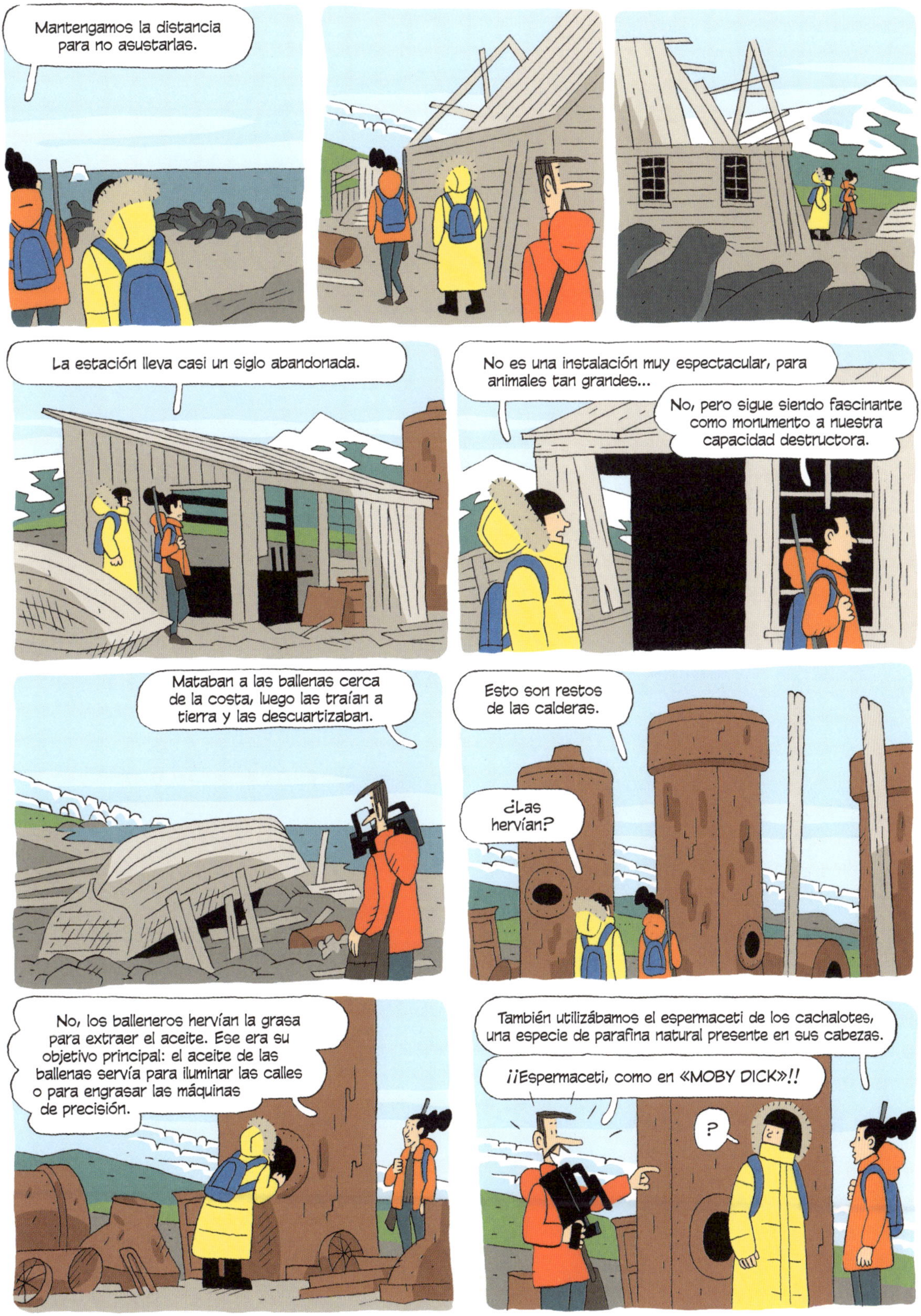

Mantengamos la distancia para no asustarlas.
La estación lleva casi un siglo abandonada.
No es una instalación muy espectacular, para animales tan grandes...
No, pero sigue siendo fascinante como monumento a nuestra capacidad destructora.
Mataban a las ballenas cerca de la costa, luego las traían a tierra y las descuartizaban.
Esto son restos de las calderas.
¿Las hervían?
No, los balleneros hervían la grasa para extraer el aceite. Ese era su objetivo principal: el aceite de las ballenas servía para iluminar las calles o para engrasar las máquinas de precisión.
También utilizábamos el espermaceti de los cachalotes, una especie de parafina natural presente en sus cabezas.
¡¡Espermaceti, como en «MOBY DICK»!!
?

¡Ah, «Moby Dick»! ¡Ismael, el capitán Ahab, Queequeg y la gran ballena blanca!
Cuidado con la cámara, Luis.
Sí, a la gente la industria ballenera les recuerda el siglo XIX y la novela de Melville.
En esa época era una actividad muy peligrosa y las capturas eran relativamente poco numerosas.
CAZA LA BALLENA BELLO BALLENERO
Los balleneros perseguían sobre todo al CACHALOTE y a la BALLENA FRANCA.
¿Por qué «franca»?
Porque se comportaba bien desde el punto de vista de los balleneros: algunas especies se van al fondo cuando las matan.
NO ES FRANCA.
La ballena franca se queda en la superficie.
FRANCA.
LA BALLENA FRANCA
La amarraban entonces al flanco del barco y la descuartizaban allí mismo.
CAZA LA BALLENA BELLO BALLENERO
Y extraían el aceite a bordo.
CAZA LA BALLENA QUIERO NAVEGAR
Con el espermaceti fabricaban velas y pintalabios.
CAZA LA...
Con las barbas hacían las famosas «ballenas» de los corsés y paraguas. El cuerno se usó como plástico antes de la era del petróleo.
Las ballenas fueron tan perseguidas que prácticamente desaparecieron. Los balleneros tenían que ir cada vez más lejos y cada vez encontraban menos.

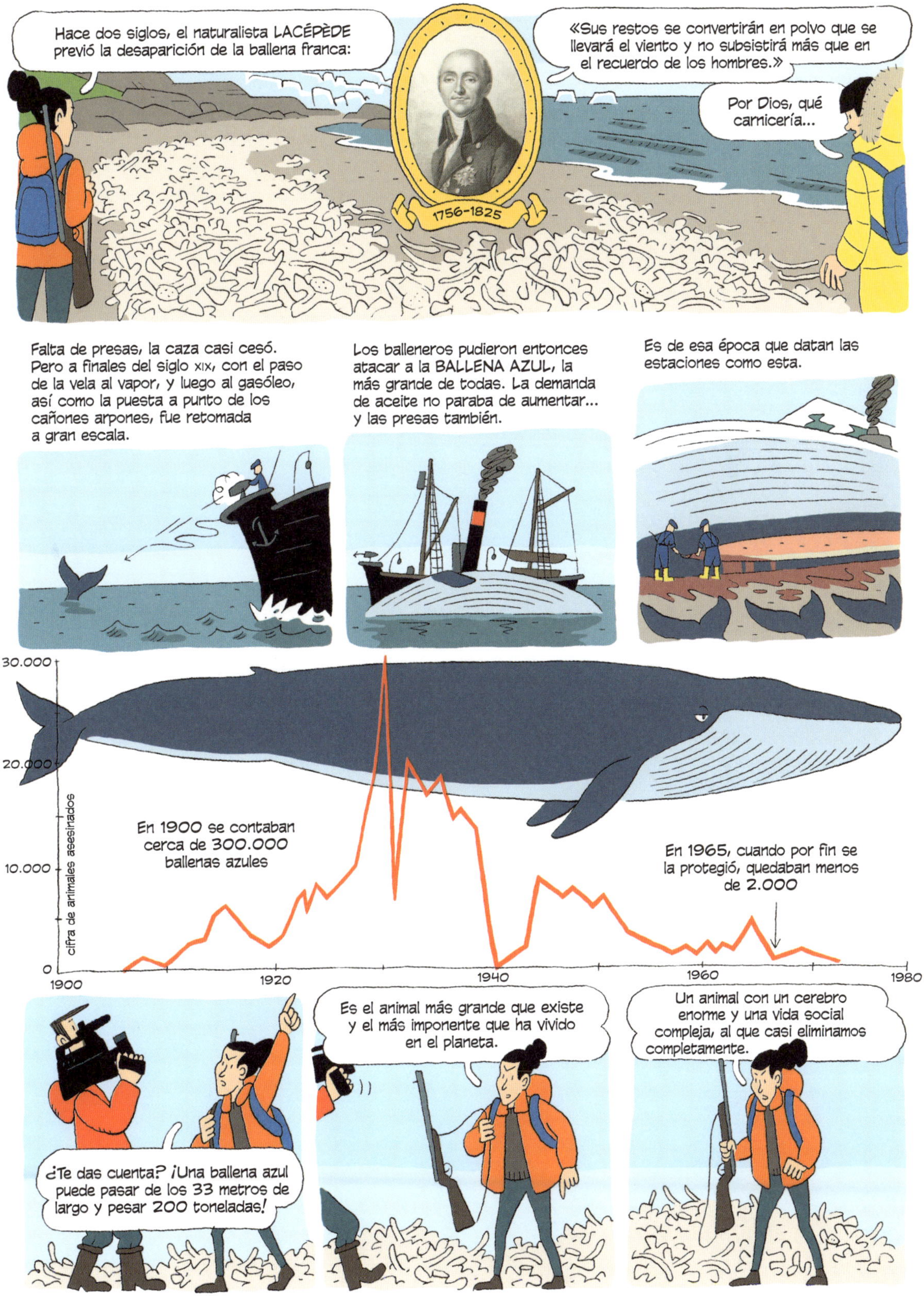

Hace dos siglos, el naturalista LACÉPÈDE previó la desaparición de la ballena franca:
1756-1825
«Sus restos se convertirán en polvo que se llevará el viento y no subsistirá más que en el recuerdo de los hombres.»
Por Dios, qué carnicería...
Falta de presas, la caza casi cesó. Pero a finales del siglo XIX, con el paso de la vela al vapor, y luego al gasóleo, así como la puesta a punto de los cañones arpones, fue retomada a gran escala.
Los balleneros pudieron entonces atacar a la BALLENA AZUL, la más grande de todas. La demanda de aceite no paraba de aumentar... y las presas también.
Es de esa época que datan las estaciones como esta.
30.000
20.000
10.000
0
cifra de animales asesinados
1900
1920
1940
1960
1980
En 1900 se contaban cerca de 300.000 ballenas azules
En 1965, cuando por fin se la protegió, quedaban menos de 2.000
¿Te das cuenta? ¡Una ballena azul puede pasar de los 33 metros de largo y pesar 200 toneladas!
Es el animal más grande que existe y el más imponente que ha vivido en el planeta.
Un animal con un cerebro enorme y una vida social compleja, al que casi eliminamos completamente.

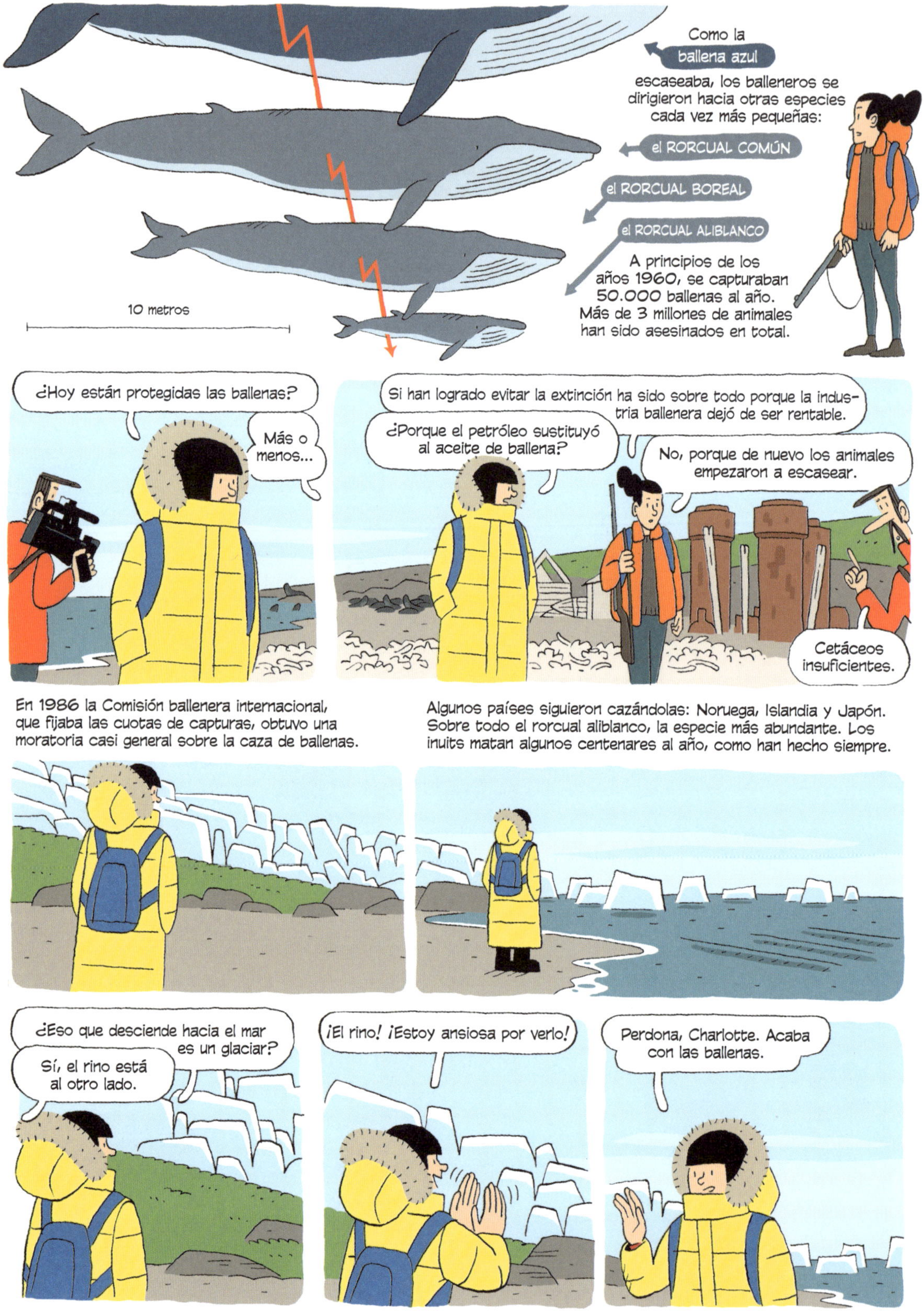

Como la
ballena azul
escaseaba, los balleneros se dirigieron hacia otras especies cada vez más pequeñas:
el RORCUAL COMÚN
el RORCUAL BOREAL
el RORCUAL ALIBLANCO
A principios de los años 1960, se capturaban 50.000 ballenas al año. Más de 3 millones de animales han sido asesinados en total.
10 metros
¿Hoy están protegidas las ballenas?
Más o menos...
Si han logrado evitar la extinción ha sido sobre todo porque la industria ballenera dejó de ser rentable.
¿Porque el petróleo sustituyó al aceite de ballena?
No, porque de nuevo los animales empezaron a escasear.
Cetáceos insuficientes.
En 1986 la Comisión ballenera internacional, que fijaba las cuotas de capturas, obtuvo una moratoria casi general sobre la caza de ballenas.
Algunos países siguieron cazándolas: Noruega, Islandia y Japón. Sobre todo el rorcual aliblanco, la especie más abundante. Los inuits matan algunos centenares al año, como han hecho siempre.
¿Eso que desciende hacia el mar es un glaciar?
Sí, el rino está al otro lado.
¡El rino! ¡Estoy ansiosa por verlo!
Perdona, Charlotte. Acaba con las ballenas.

La situación de las ballenas azules ha mejorado, pero no estamos seguros de que puedan recuperar su población original. Hay entre 10.000 y 20.000 y su número aumenta lentamente.
Cuanto a las ballenas francas, solo quedan unos centenares. A menudo aún mueren al colisionar con barcos.
Parece que los sonares y el ruido de los barcos les dificulta la orientación y la comunicación entre ellas.
?
A veces, grupos enteros de ballenas o delfines embarrancan en las orillas y no sabemos por qué.
Con un poco de suerte, a veces se vislumbra una en la costa... La ballena franca es reconocible por su soplo en V.
Frankie
Ballena franca
Fin
¿Vienes, Luis?
Voy.

¿Puedo entrar en el laboratorio secreto?
Supongo que hoy no iremos a buscar al rinoceronte.
No, aprovecharemos el mal tiempo para revisar lo que ya hemos recogido.
¿Y tú, Trygve?
Escojo y etiqueto las muestras que hemos recogido. Hay que anotar el lugar y la fecha.
Además, escojo también las fotos. Las necesitaremos para el artículo.
¿Un artículo en el periódico?
Es una revista científica, sobre las rocas testigo del vulcanismo del pérmico.
Ya veo...
¿Y tú, Emma, todo bien?
Todo bien... Luis se ha ido a observar pája-ros, y yo también ten-dría que ir a trabajar un poco...
Tengo que visionar todo lo que ya se ha filmado, transcribir las entre-vistas... Tiempo que nos ahorraremos en el montaje.
Voy a fumar una pipa.

¿Qué estás mirando en el microscopio, Sven?
Un trilobites.
No me lo puedo creer.
¿Y esto para qué sirve?
Es de Charlotte.
Es un secuenciador de ADN. Sirve para analizar el ADN de los animales y plantas actuales.
¿También sirve con los rinocerontes lanudos?
Se puede intentar...
Pero para el ADN fósil se necesitan técnicas muy especiales y sobre todo un laboratorio protegido para evitar cualquier contaminación con el ADN actual.
Mira, mira...
¿Qué?
Tengo la impresión de que este trilobites es diferente de las especies que ya conocemos.
¡¿Un «nuevo» trilobites?!
Mira el ojo...
¡Entonces serás tú quien lo bautizará! ¿Cómo lo vas a llamar?
¿SVENOPYGE BELL OJO?
Déjame verlo de cerca...
... posar mis ojos en sus ojos...
¡Hola!
Bueno, os dejo trabajar.
¿Pero qué me pasa? Debe ser la nieve...
Bueno, a currar.

5

EL PEQUEÑO RINO DE LAS NIEVES

Al día siguiente.
¿Sabéis dónde está?
Por aquí. Vamos a rodear el glaciar cruzando este paso.
Tres arenques a mediodía y comprueba de vez en cuando que todo está en orden.
Ningún problema.
Gracias, Yann.
¡Llegó el gran día! ¡Partimos a la búsqueda del RINOCERONTE!
No un rinoceronte tropical, evidentemente, sino uno de las nieves.
Más bien de la tundra. Sobre el hielo no tiene qué comer.
¡Tengo ganas de verlo!
Lo llamamos RINOCERONTE LANUDO porque lo protegía del frío una capa de pelo largo castaño rojizo.
Era tan grande como el rinoceronte blanco actual: 4 metros de largo y de 2 a 3 toneladas.
Los músculos que sostienen su enorme cabeza y los dos largos cuernos forman una gran giba en los hombros.
¡Qué guapo es!
Te aviso, el nuestro no será tan impresionante. Es un bebé y la momificación lo ha deteriorado.
Por favor, déjame soñar un poco más.
Lo llevaremos sobre este varal con ruedas.
Se acabó, dejo de soñar.

El rinoceronte lanudo se extinguió hace 14.000 años, al mismo tiempo que el mamut, el león de las cavernas, el megaloceros...
¿Otra extinción en masa? Sven, no la has mencionado entre tus cinco grandes extinciones...
Es menos visible en los gráficos de los geólogos porque no eliminó a muchas especies, pero es evidente sobre el terreno.
¿Dónde lo vemos, Sven?
Afectó a los animales más grandes, aquellos que han dejado las osamentas más espectaculares.
Como tuvo lugar durante la última glaciación, la llamamos «extinción de la megafauna de la edad de hielo».
Sven tiene menos megáfono que la megafauna. Con extinción con tendencia glacial...
Es menos excepcional que la desaparición de los dinosaurios, pero nos ha tocado más de cerca: nuestro ancestro el HOMO SAPIENS estuvo directamente implicado.
¿Ah, sí?
Una historia en la que intervienen a la vez clima y humanos. ¡Pura actualidad! Nos acercamos al clímax de mi investigación, ¿eh, Sven?
Mmm...
Llegamos al inicio del paso. Vamos a ponernos las raquetas.
¿Está de morros, o qué? A lo mejor es por lo de ayer en el laboratorio...

Desde hace 2 millones de años, la Tierra padece ciclos de glaciación que duran unos 100.000 años. Justo en el centro de la glaciación, el clima es muy frío y seco. Los bosques son sustituidos por la TUNDRA o las ESTEPAS FRÍAS. Al cambiar la vegetación, los animales también cambian, y algunas especies desaparecen.

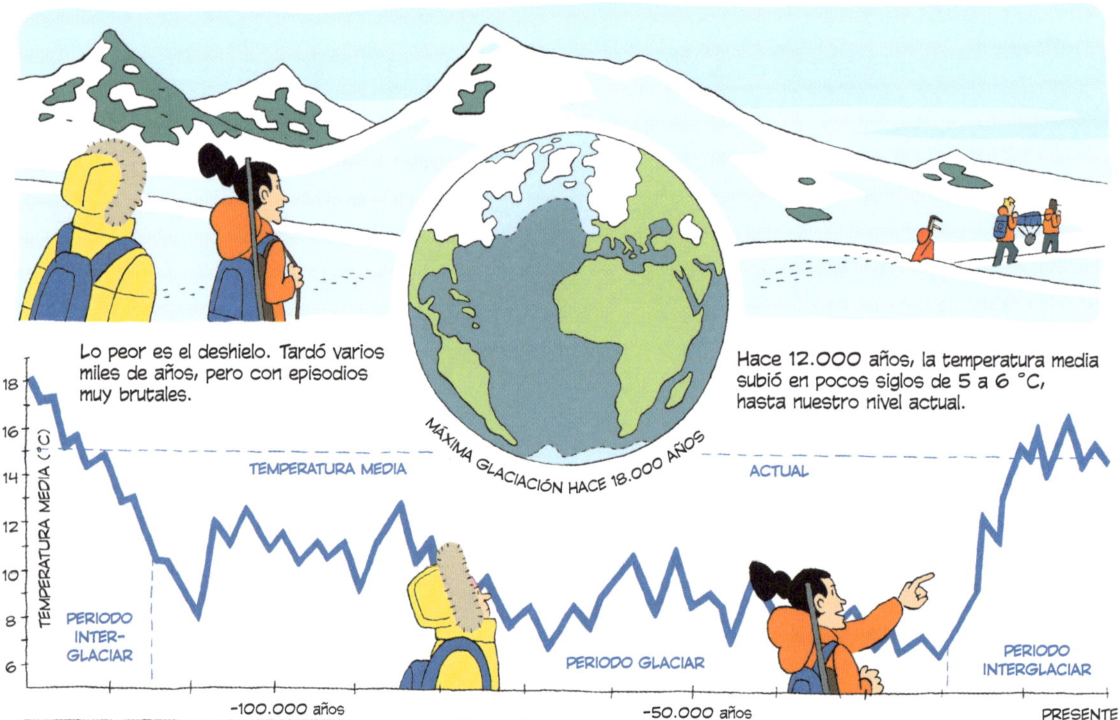

En todo el mundo, la mitad de los mamíferos de más de 50 kg desaparecen, y el 80 % de los que superan la tonelada. Los más pequeños se ven menos afectados.
INTERGLACIAR HACE 10.000 AÑOS
Todos los continentes reciben, pero no en la misma época. Primero África, hace 120.000 años, y, hace menos de unos 30.000 años, Eurasia.
LEÓN DE LAS CAVERNAS -14.000 años
ELASMOTERIO -30.000 años
HIENA DE LAS CAVERNAS -30.000 años
OSO DE LAS CAVERNAS -29.000 años
MAMUT -11.000 años
MAMUT ENANO (en las islas de Siberia) -4.000 años
RINOCERONTE LANUDO -14.000 años
MEGALOCERO -8.000 años
En Europa renacieron los bosques. Algunos animales estaban demasiado especializados para adaptarse. Otros tuvieron que enfrentarse con los recién llegados, como los jabalís.
Ay, pobrecito, atrapado en un pantano.
¡No me siento las piernas! Me está matando caminar con raquetas.
Ahora hay bajada, mira.
Pasamos el glaciar.
Hay algo que no entiendo. Según lo que has contado, por las fechas, la extinción de estos animales empieza mucho antes del deshielo.
¡Bien visto!
Durante la glaciación, jugó otro factor, totalmente inédito...

En Australia, los reptiles y muchos grandes marsupiales desaparecieron después de la llegada de los humanos, hace 50.000 años.

En América del Norte, los MASTODONTES desaparecieron así como los SMILODONES (tigres con dientes de sable).

Y la implicación humana es evidente en las islas, donde desaparecieron muchas aves terrestres gigantes.

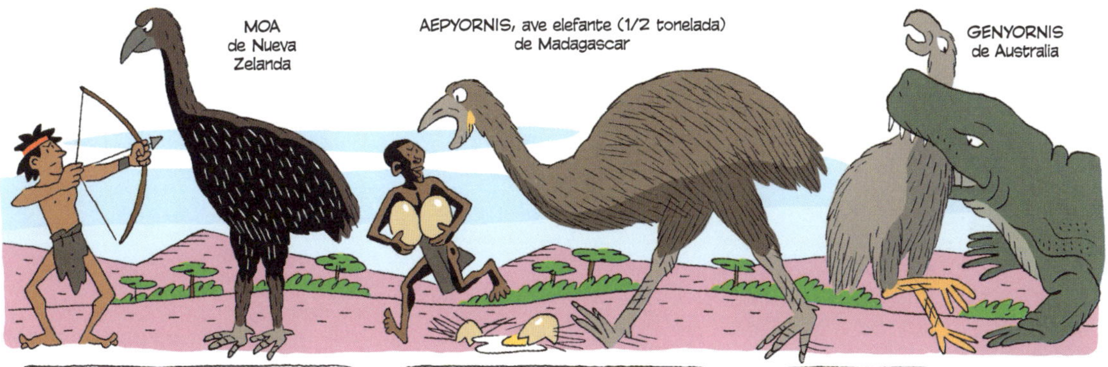

Perdón, os retraso...
Nuestros ancestros no vivían en más armonía con la naturaleza que nosotros. Seguramente no quisieron provocar la desaparición de sus presas, pero no es sencillo darse cuenta de que una especie está en peligro.
¿El hombre de Neandertal desapareció por aquel entonces, no?
Sí, y el hombre de Flores y el Denisovano, y sin duda muchos otros.
¿Nuestros ancestros los mataron?
No lo sabemos. Pero aquí también, con la llegada del Homo sapiens, desaparecieron.
NEANDERTAL
DENISOVANO
HOMBRE DE FLORES
SAPIENS
No sabemos cuánto tiempo llevó. Puede que simplemente hubiese una coincidencia ecológica, con el remplazo de una especia por otra, sin que sea necesario imaginar combates sangrientos.
Las otras especies fueron absorbidas. Hubo mestizajes y llevamos en nosotros un poco de su ADN.
Silencio, nos acercamos.
¿Por qué está Sven de mal humor? ¿Tiene problemas con los trilobites?
¡Ja, ja, no!
Le preocupa el rinoceronte. No sabe en qué estado lo vamos a encontrar.
¡Ya lo veo!

Ahí está el mojón que señala donde está. Justo debajo.
Lo protegieron bien de los carroñeros.
Vamos, Luis, a filmar. ¡Ahora o nunca!
Hace 20 años, los científicos vieron huesos que sobresalían del margen, más abajo...
Excavaron un poco y encontraron la momia, pero no podían transportarla.
Entonces la enterraron otra vez, pero más arriba, esperando que el permafrost no se calentase demasiado.
La podrían haber dejado fresquita en el glaciar. ¡Una nevera para un rinoceronte de la edad de hielo!
¡Ay!
El glaciar trabaja. Se mueve, cede y, sobre todo, se derrite a una velocidad vertiginosa.
Ay.
Aquí está.
Cuidado...

Vamos a fijarlo al varal.
¿Cómo? ¿No lo abrimos?
Aquí no. En el laboratorio.
Hay que evitar cualquier contaminación (virus, bacteria, ADN) entre él y el exterior.
¡Qué decepción!
Bueno, al menos comemos.
¿Cómo ha llegado hasta aquí? ¿Caminado por el hielo?
A nado, sobre la espalda de la madre.
Bromea.
Como el nivel del mar era mucho más bajo, la isla estaba ligada al continente. Los animales vinieron a pie.
Los rinocerontes lanudos sobrevivieron a varios ciclos de glaciaciones, enfriamientos y calentamientos, pero no al último.
Como con los mamuts y los megaloceros, fue sin duda la transformación completa de su entorno lo que resultó fatal: cambios climáticos y caza cada vez más intensa.
Otros animales se adaptaron, como los renos, que se contentaron con desplazarse hacia el norte.
Hago una extracción de testigo, de tierra. Tal vez aún quede ADN de los animales que vivieron aquí en la misma época que el rinoceronte.
BRRRRR
¿Vamos, Emma?
No sé si tengo fuerzas... ¿Queda sitio al lado del rinoceronte?

Algunas horas después...
Tijeras...
Pinzas...
¿Por tu parte bien? OK, abrimos.
¡Su piel es muy espesa! Al menos no se murió de frío.
Habrá que examinar los dientes, pero creo que tendría uno o dos años. Lo acababan de destetar.
¿Ves las trazas de deterioro en el cuerno? Puede que sean de frotarlo contra el vientre de la madre, para mamar.
¿Lo mataron cazadores?
No, no hemos encontrado huellas de presencia humana en la isla. Usaremos carbono 14 para conocer la fecha exacta.
Deberíamos poder analizar el contenido de su estómago y pulmones. Tal vez nos ayude a saber cómo murió: de hambre, ahogado...
¡Es horrible! ¡Pobre rinocerito!
Perdón, soy ridícula...
¡Ánimo, el rinoceronte es magnífico!
¿De veras?
Cuántas emociones.

-6-

EL CEMENTERIO DE LOS EXTINGUIDOS

Durante la glaciación, el nivel del mar era más bajo, y ciertas islas del Mediterráneo estaban unidas al continente. Estas islas estaban pobladas de formas enanas de elefantes e hipopótamos, cuyos ancestros (de gran tamaño) habían llegado caminando...

Después estamos en el Neolítico: primeras casas de piedra, el inicio de la agricultura y la ganadería... Los humanos son cada vez más numerosos. Alrededor del Mediterráneo, desforestaron los bosques y colonizaron las islas.
No sabemos si fue por la caza...
... o porque la ganadería redujo su espacio vital...
... pero cuando llegó el hombre, hace algunos miles de años...
La fauna insular desapareció.
Siempre la misma historia...
Podríamos llenar todo un cementerio...
CEMENTERIO DE LOS EXTINGUIDOS
En Córcega no había elefantes, pero sí liebres silbadoras, una especie de ratas grandes sin cola. Duraron más tiempo, pero finalmente fueron eliminadas en la época de los romanos.
En la Edad Media fue el turno de los uros, un gran bovino salvaje, ancestro de las vacas domésticas. Era una presa prestigiosa reservada a los grandes señores. Al último lo mataron en Polonia hacia 1620.

Pero es con los grandes viajes de exploración que el ritmo de las extinciones se aceleró de forma brutal.
Aquí una famosa...
¡El DODO!
«Raphus cucullatus» es su mote.
Las palomas del sureste asiático llegaron a la Isla Mauricio a través del aire hace millones de años...
Habían engordado y sus alas se habían reducido casi a nada. En un medio sin depredadores, eran más molestas que útiles.
Las palomas se convirtieron en dodos incapaces de volar.
En 1507 los portugueses descubrieron la isla. Durante 150 años, los marinos de paso mataron a un muchísimas aves para comerlas y crear reservas de carne. Los perros y cerdos introducidos en la isla destruyeron sus huevos... Y las ratas también viajaron. El último dodo murió hacia 1660.
Disculpa, pero como Alicia, tengo que hacer una pequeña precisión...
La cultura popular ha hecho del dodo un animal idiota, que se dejaba matar sin reaccionar... Pero es él, en «Alicia en el País de las Maravillas», quien tiene la idea de organizar una «carrera loca» para que los animales que se habían caído al agua pudieran secarse.

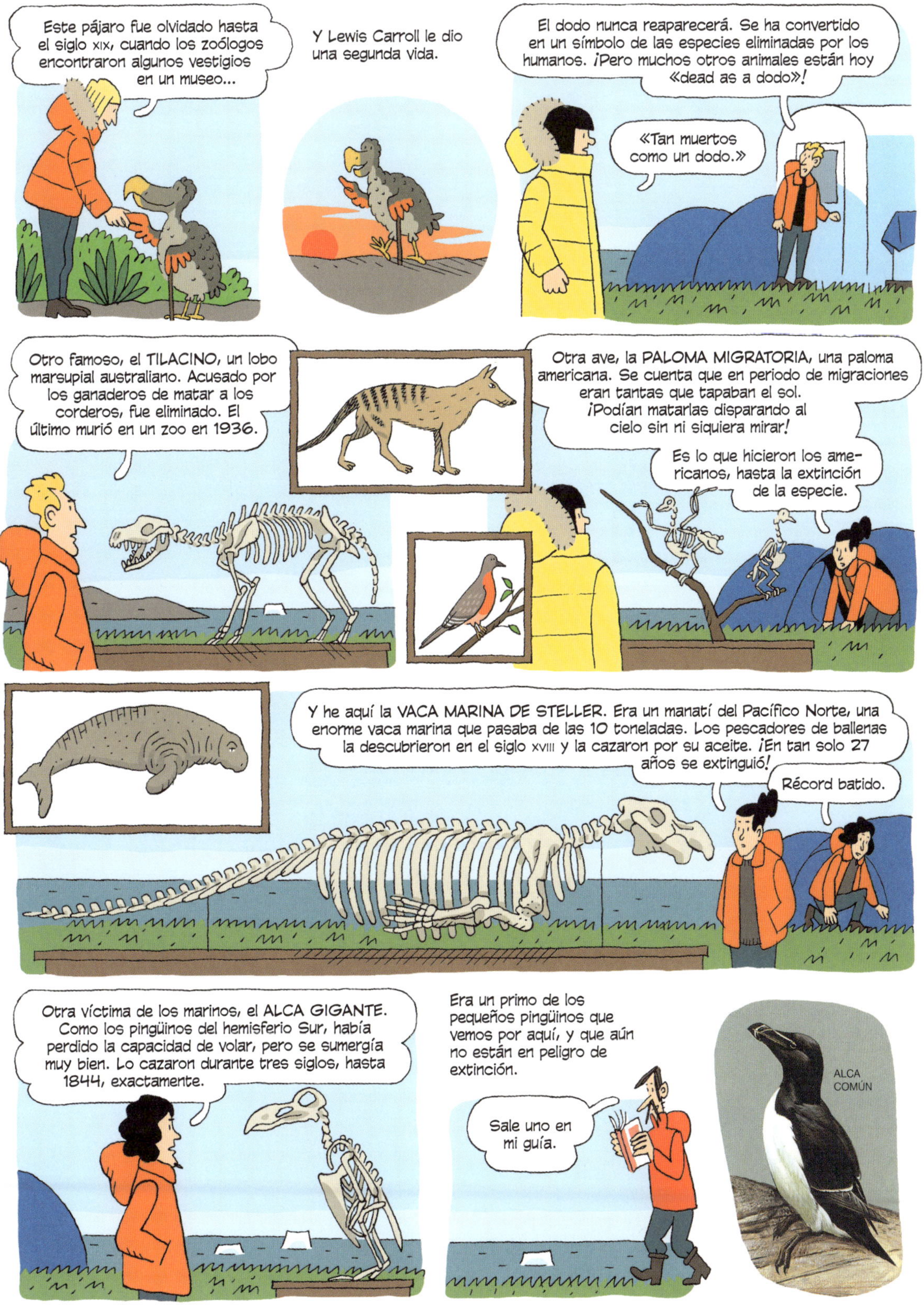
Este pájaro fue olvidado hasta el siglo XIX, cuando los zoólogos encontraron algunos vestigios en un museo...
Y Lewis Carroll le dio una segunda vida.
El dodo nunca reaparecerá. Se ha convertido en un símbolo de las especies eliminadas por los humanos. ¡Pero muchos otros animales están hoy «dead as a dodo»!
«Tan muertos como un dodo.»
Otro famoso, el TILACINO, un lobo marsupial australiano. Acusado por los ganaderos de matar a los corderos, fue eliminado. El último murió en un zoo en 1936.
Otra ave, la PALOMA MIGRATORIA, una paloma americana. Se cuenta que en periodo de migraciones eran tantas que tapaban el sol. ¡Podían matarlas disparando al cielo sin ni siquiera mirar!
Es lo que hicieron los americanos, hasta la extinción de la especie.
Y he aquí la VACA MARINA DE STELLER. Era un manatí del Pacífico Norte, una enorme vaca marina que pasaba de las 10 toneladas. Los pescadores de ballenas la descubrieron en el siglo XVIII y la cazaron por su aceite. ¡En tan solo 27 años se extinguió!
Récord batido.
Otra víctima de los marinos, el ALCA GIGANTE. Como los pingüinos del hemisferio Sur, había perdido la capacidad de volar, pero se sumergía muy bien. Lo cazaron durante tres siglos, hasta 1844, exactamente.
Era un primo de los pequeños pingüinos que vemos por aquí, y que aún no están en peligro de extinción.
Sale uno en mi guía.
ALCA COMÚN

En el siglo XIX la lista de extinguidos sigue creciendo.

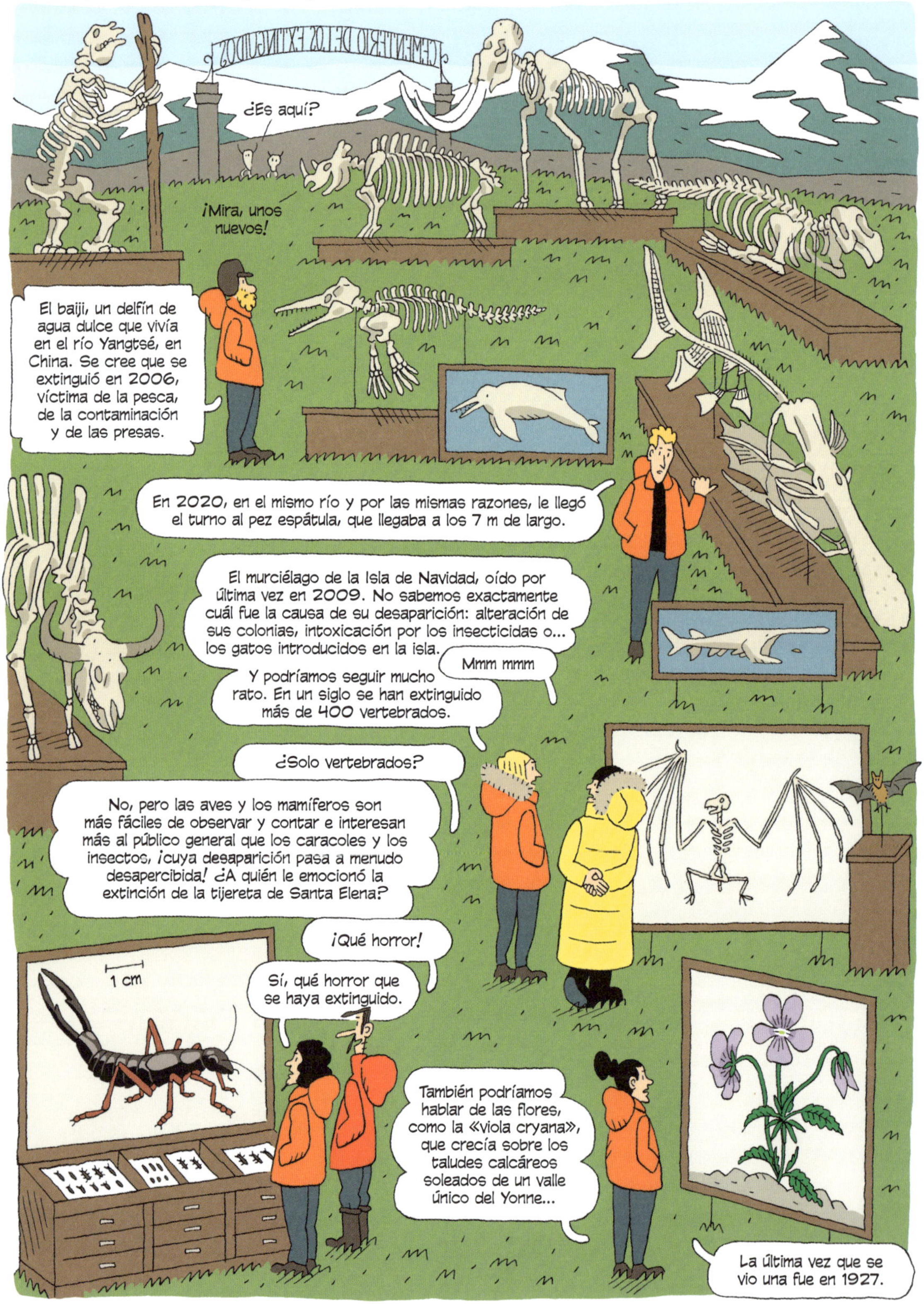

De la extinción de las flores no podemos acusar a los cazadores.
No, la caza y la pesca han provocado muchas extinciones, pero son tan solo una causa más, y sin duda hoy en día no es la más importante.
Hay otros factores en juego, de los que somos casi siempre responsables, directa o indirectamente, como la contaminación o el clima.
Mañana podremos hablarlo. Saldremos pronto hacia la Isla de las Morsas.
¿Vendréis, Luis y tú?
¿Emma?
Eh... Sí, sí, por supuesto.
¿Cómo estás? Mañana te vas a quedar solita, ¿sabes?
Oye, tú te has engordado, ¿no? ¿Eres tú la que se ha comido todos los murciélagos de la Isla de Navidad?
Ay...
No, no es posible, ¡no puedes haberme hecho esto!
Suzy, no...

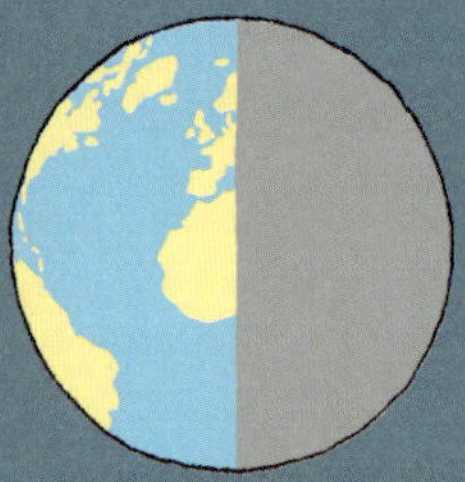

- 7 -

DESTRUCTORES

Al día siguiente
¿Por qué lleváis todo ese material?
Para coger medidas y muestras. La Isla de las Morsas nunca ha sido habitada por pescadores. Se trata de una reserva ecológica integral que nos sirve de referencia.
Vamos, damas y caballeros. ¡Embarquen!
¿Por qué paramos? ¿Pasa algo?
No, quiero coger una muestra de plancton, por aquí no he cogido nunca ninguna. Los animales marinos son testigos excelentes de los cambios climáticos en curso.
Mira, Emma, el filtro está cubierto de plancton.
El análisis de ADN nos dará una lista de especies presentes en esta muestra, sin que sea necesario identificarlas una a una.
Obtendré también el ADN ambiental, el ADN que proviene de todos los animales presentes en el medio. El año pasado fue así como supimos que las caballas habían subido hasta aquí. ¿A que es genial?

¡Un colega mío utilizó esta técnica para identificar al monstruo del lago Ness!
Un poco de seriedad, Sven, que está la tele.
¡Va en serio! Encontró 3.000 especies. Muchas anguilas, pero ningún reptil gigante...
¿Puedes descubrir especies desconocidas gracias al ADN?
Sí, pero aquí es poco probable. Conocemos muy bien la fauna. Y no es nuestro objetivo. Lo que quiero saber es si las especies han desaparecido o han aparecido por causa del cambio climático.
¿Nuevas especies que habrían evolucionado adaptándose a un medio más cálido?
No, es demasiado rápido. Más bien especies llegadas desde el sur, porque las nuevas condiciones de vida del norte les van bien. Peces, aves e insectos pueden migrar. ¡Hasta las plantas!
¿Las plantas?
Ojo, hay hielo a la deriva... Ve un poco más despacio, Yann.
Qué bonito, icebergs.
No hay que pasar muy cerca. Como se derriten poco a poco, su centro de gravedad cambia, lo que los puede hacer volcar.
¿Alguien me acerca mi bolso?
Emma, prefiero que te quedes sentada.
!
CRRR...
!
!
!
¡AAAAH!
G
P

Creo que Emma y Sven han roto el hielo.
Está claro que se derriten el uno por el otro.
Ya vale.
Perdón...
Dicho esto, es mejor caer en brazos que caer en el hielo.
Exacto.
¿Bien?
Mmm...
Sí, las plantas migran. El viento y los animales transportan las semillas. Con el calentamiento, germinan en nuevos lugares donde las condiciones les son favorables, con más altitud o más al norte.
Aquí no irán muy lejos.
Es cierto. El calentamiento amenaza especialmente a las plantas endémicas, las que solo viven en un lugar.
Un tercio de las plantas son especies raras. Por supuesto, el peligro de extinción es mayor para ellas.
De momento solo sé de un ejemplo de desaparición ligado al clima, un pequeño roedor australiano: el ratón de BRAMBLE CAY.
Vivía en un islote minúsculo que no supera los 3 metros de altitud. Con el calentamiento, el nivel del mar aumentó un poco y las tormentas se volvieron más frecuentes. El islote quedó sumergido varias veces, murieron las plantas y los ratones se quedaron sin alimento.
Buscamos supervivientes...
En vano.
En 2009, se declaró oficialmente a este animal «primer mamífero víctima del calentamiento».

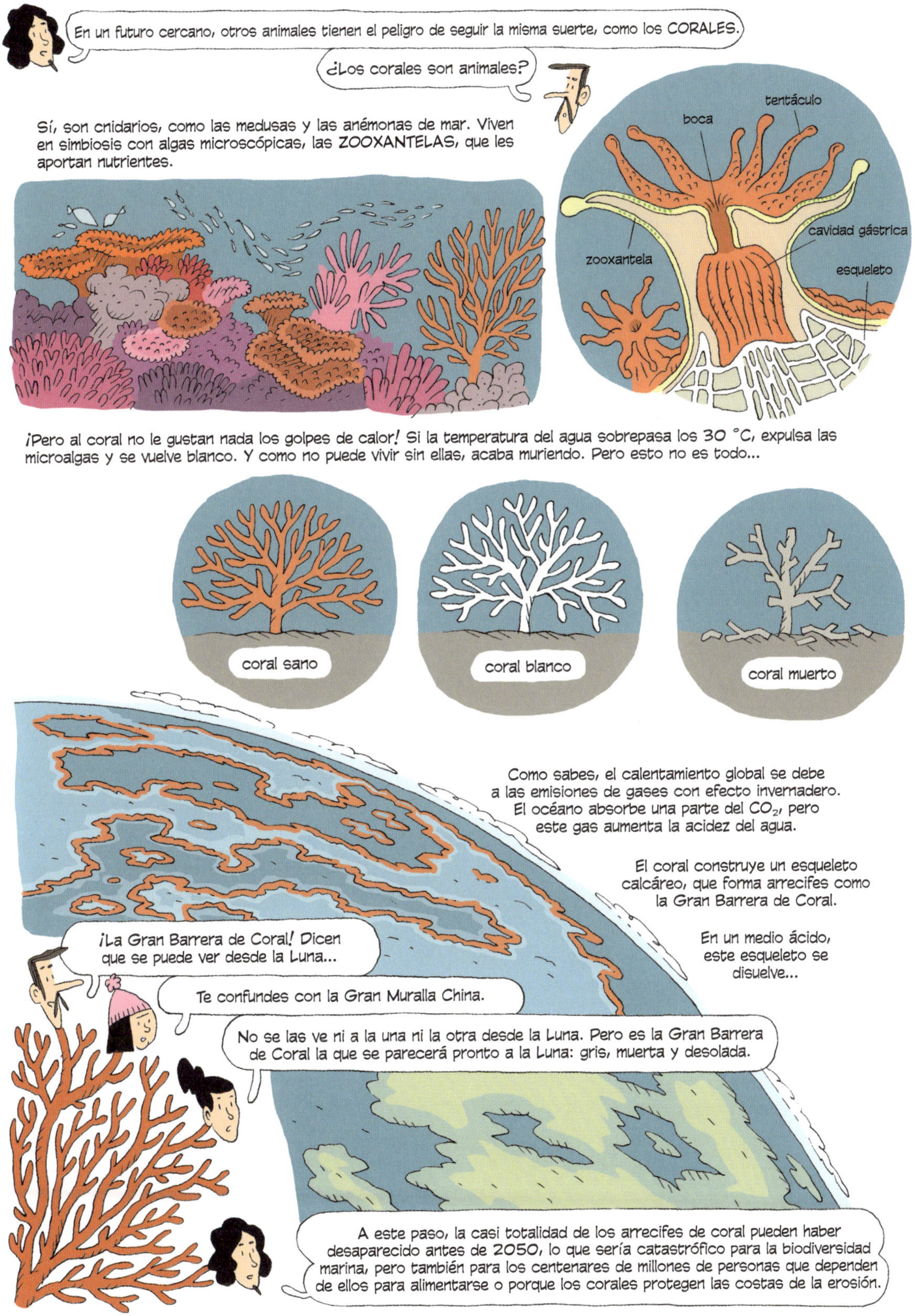

En un futuro cercano, otros animales tienen el peligro de seguir la misma suerte, como los CORALES.
¿Los corales son animales?
Sí, son cnidarios, como las medusas y las anémonas de mar. Viven en simbiosis con algas microscópicas, las ZOOXANTELAS, que les aportan nutrientes.
tentáculo
boca
cavidad gástrica
zooxantela
esqueleto
¡Pero al coral no le gustan nada los golpes de calor! Si la temperatura del agua sobrepasa los 30 °C, expulsa las microalgas y se vuelve blanco. Y como no puede vivir sin ellas, acaba muriendo. Pero esto no es todo...
coral sano
coral blanco
coral muerto
Como sabes, el calentamiento global se debe a las emisiones de gases con efecto invernadero. El océano absorbe una parte del CO_2, pero este gas aumenta la acidez del agua.
El coral construye un esqueleto calcáreo, que forma arrecifes como la Gran Barrera de Coral.
En un medio ácido, este esqueleto se disuelve...
¡La Gran Barrera de Coral! Dicen que se puede ver desde la Luna...
Te confundes con la Gran Muralla China.
No se las ve ni a la una ni la otra desde la Luna. Pero es la Gran Barrera de Coral la que se parecerá pronto a la Luna: gris, muerta y desolada.
A este paso, la casi totalidad de los arrecifes de coral pueden haber desaparecido antes de 2050, lo que sería catastrófico para la biodiversidad marina, pero también para los centenares de millones de personas que dependen de ellos para alimentarse o porque los corales protegen las costas de la erosión.

Los arrecifes de coral son solo un ejemplo entre muchos otros.
La amenaza más evidente es la destrucción directa de los ecosistemas, sobre todo de los forestales...
Por cierto, no tengo nada en contra del coral, pero prefiero ser dibujado como árbol.
Le faltan árboles al Ártico.
Gracias.
Ya hemos talado la mitad de los bosques del planeta y seguimos en ello. Cuando talamos un bosque, también eliminamos...
¡a PINZONES, CÁRABOS y PÁJAROS CARPINTEROS!
Sí, pero sobre todo a los comedores de madera muerta.
ESCARABAJO LONGICORNIO
CAPRICORNIO
Y los comedores de hojas muertas, que olvidamos porque no vemos:
COLÉMBOLO
PROTURO
Todos estos insectos son a su vez comidos por las MUSARAÑAS, ARAÑAS, SAPOS...
¡PÁJAROS CARPINTEROS!
¡Ji, ji!
POC
POC
POC
Hoy en día, los bosques más amenazados se encuentran en las regiones tropicales. En Madagascar, cuando se deforesta, se priva de hábitat a los LÉMURES.
La última vez que observamos a un LÉMUR SALTADOR DE SAHAFARY, quedaban unos cincuenta, lo que no le deja muchas opciones de sobrevivir.
RRRRRR

Algunas regiones son consideradas como «salvajes» porque son espacios extensos o las actividades humanas aún son reducidas.

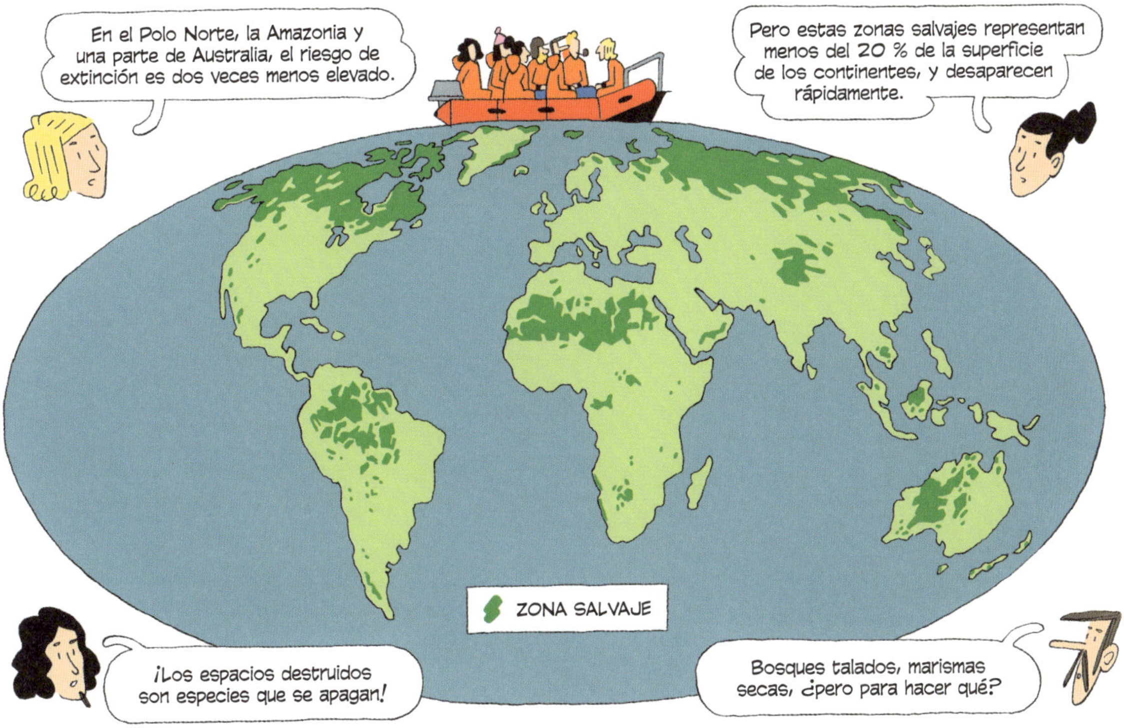

Cada vez somos más en la Tierra, y cada uno de nosotros ocupa más espacio.

Necesitamos espacio para los cultivos: campos de colza, plantaciones de palma aceitera, la práctica de la acuicultura...

Pero también para casas, carreteras, fábricas, almacenes, aparcamientos, minas al aire libre, pozos de petróleo... En Francia, en 10 años, el equivalente a un departamento ha sido cubierto de alquitrán o de betún.

El Ártico se vuelve más accesible para la navegación, pero también para la extracción de petróleo o de gas... Las grandes potencias petroleras ya están sobre el terreno y prospectan cada vez más lejos hacia el norte. Esto significa más tráfico marítimo, más puertos y carreteras... y más contaminación.

Nos cuesta percibir los efectos de los cambios climáticos a corto plazo.
El calentamiento es progresivo, pero puede dar lugar a rupturas del equilibrio. Por ejemplo, si las corrientes marinas se paran o se invierten, el clima puede variar brutalmente.
Lo mismo con los animales: el coral aguanta el ascenso de la temperatura hasta cierto punto, después muere.
Y si varias especies ven sus límites alcanzados al mismo tiempo, es el ecosistema entero el que puede hundirse.
La ola de estrave de la plataforma llega hasta nosotros. Nos va a zarandear un poco, Emma...
Sí, me quedo sentada.
¿Qué te pasa, Emma?
Nada.
Claro que sí.
Me preocupa mi gata.
¿La has encerrado bien en la tienda?
Sí.
Entonces todo va bien, la encontrarás esta noche.
He aquí la Isla de las Morsas.

-8-

ASESINOS Y ENVENENADORES

Eh... ¿y hay morsas en la Isla de las Morsas?
Ya no, pero antes había muchas morsas. Y también había por todo el Ártico.
Los vikingos se interesaron por ellas cuando colonizaron Islandia y Groenlandia, hacia el año 1.000. Las cazaban por su carne y por el marfil de sus colmillos.
Eliminaron a varias poblaciones, como Islandia, donde las morsas jamás volvieron. Es uno de los primeros ejemplos de sobreexplotación de animales marinos.
Después los cazadores de ballenas tomaron el relevo, siempre buscando el aceite de los animales. Se condujo a las morsas al borde de la extinción. Hacia 1980, quedaban menos de un centenar, casi solo machos. Ahora, la especie está protegida, pero ha perdido su diversidad.
Hoy en día los noruegos se dedican a actividades más tranquilas.
Desapruebo la violencia de mis ancestros.
19 hormigas, 8 pulgones y 3 arañas.
Con este aparato voy a medir la producción de O_2 y la absorción de CO_2 por la vegetación.
Haré también un inventario de la vegetación.
El ecosistema es diferente del de la isla Heyerdahl. Por ejemplo, aquí no hay ratas... ni gatos.
Tiene dudas de algo...

Si he seguido bien vuestra discusión en el barco, ¿hoy el principal peligro para los animales es más bien la deforestación que no la caza?
La deforestación Y la caza.
A menudo las dos amenazas van a la par, como en el caso de los elefantes: sus territorios están cada vez más amenazados por la deforestación y aún se les caza por el marfil.
En África quedan 300.000 elefantes, menos de una décima parte de los que había a principios del siglo XX.
Aunque el comercio de marfil en principio está prohibido, representa cerca de 20 millardos de dólares al año.
Los elefantes aún no se han extinguido, pero ya no son los mismos: en algunas regiones, el 70 % de las hembras ya no tiene colmillos.
Antes era una característica más bien rara, pero los furtivos la han seleccionado involuntariamente al cazar a los individuos con colmillos.
Qué triste.
A la larga, puede que los elefantes paguen con los colmillos su supervivencia.
Los rinocerontes no tendrán la misma «suerte»: les siguen cazando por sus cuernos, se cree que afrodisíacos, y están amenazados de extinción inminente.
RINOCERONTE DE JAVA
50 supervivientes
Sí, los colmillos son muy útiles, para alimentarse, para seducir. Generalmente, una hembra sin defensas se encuentra en el último lugar de su grupo y no puede siquiera reproducirse.

A otras muchas especies se las mata por su carne, pero también por razones imaginarias: con el pretexto que los PANGOLINES están protegidos por una armadura, sus escamas servirían para combatir las enfermedades.
¡El famoso pangolín!
¡Luis, deja el bocadillo! Entrevista especial pangolín.
Sí, cuando manipulamos a los animales para comérnoslos, de paso cogemos sus virus.
Las virtudes terapéuticas del pangolín no están demostradas.
En África: trata el sangrado de la nariz, el dolor de cabeza, los problemas cardíacos, el cáncer, etc.
En Asia: desobstruye las arterias, favorece la circulación sanguínea y estimula la lactancia.
Al contrario, se sospecha que este animal transmitió el COVID-19 al hombre, lo que desencadenó la pandemia de 2020 (los murciélagos también estarían implicados).
Las epidemias tienen su lado positivo: el pangolín ha sido retirado de la farmacopea china. Tal vez sea suficiente para protegerlo.
Pero el uso medicinal y el consumo de carne silvestre amenazan a muchas especies:
KOUPREY: entre 0 y 50 supervivientes
PIGARGO MALGACHE: 80 supervivientes
LANGUR DE DELACOUR: 200 supervivientes
¿A qué te refieres exactamente con «carne silvestre»?
La caza que se encuentra en mercados, sobre todo en África y Asia: pangolín, murciélagos, monos, gacelas, cocodrilos...
OK, gracias Charlotte.
Luis, ya puedes seguir con el bocadillo.
No, ya no tengo hambre.

Sí, la caza sigue siendo un hobby para muchos idio... mucha gente, por el gusto de la aventura y los trofeos. Sin hablar de las colecciones de conchas, de la moda de los peces de acuario... El peligro se multiplica.

El océano es el último medio natural del que extraemos masivamente nuestro alimento. El 75 % de la superficie de los mares se explota de forma industrial, y cada año, los pescadores capturan alrededor de 120 millones de toneladas de animales marinos.

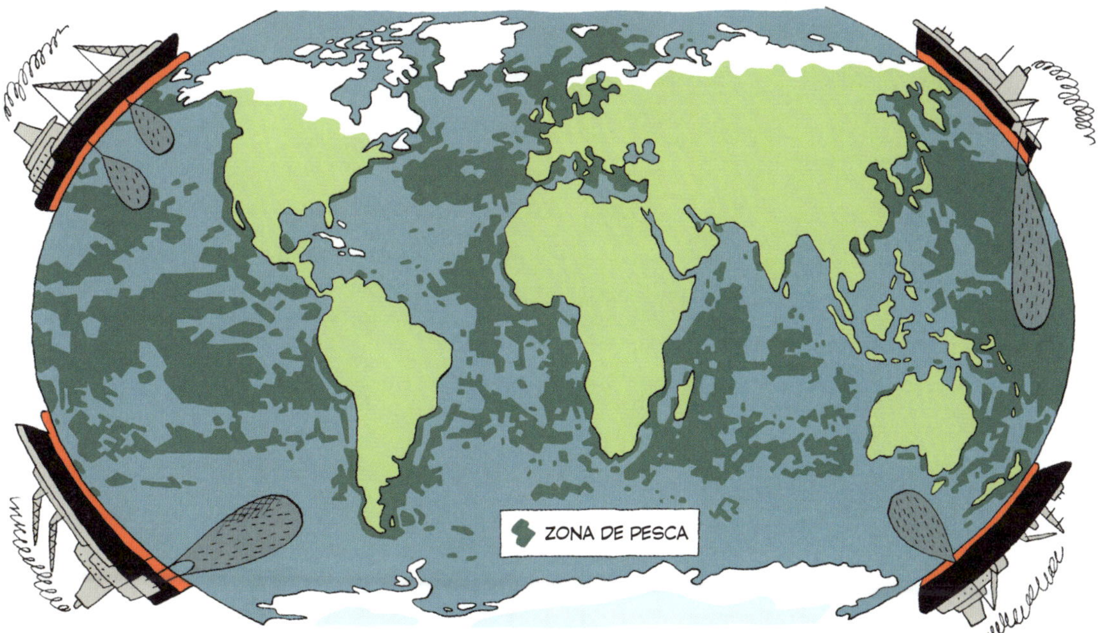

En medio siglo su biomasa se ha reducido a la mitad. ¡Hay menos peces y son más pequeños! Un tercio de las poblaciones de peces están explotadas por encima de lo que pueden soportar, y casi todo el resto lo está al máximo. Resultado, la pesca es cada vez más intensiva y cada vez menos eficaz.

La sobrepesca actual la hacen sobre todo los grandes navíos de pesca industrial: el 2 % de los barcos realiza el 75 % de las capturas.
navío fábrica de 140 metros de largo
cable de arrastre
flotadores
calón
red de arrastre de 200 m de largo y 100 m de alto
relinga inferior
Una red de arrastre gigante engulle todo lo que encuentra a su paso, por lo que priva de alimento a las aves, peces y ballenas. Desde 1950 han desaparecido 2/3 de las aves marinas.
Estos artilugios de pesca capturan también a muchos delfines, tortugas y aves, que mueren asfixiados.
Y lanzamos de vuelta al mar 20 toneladas de peces (muertos) al año.
¿Por qué?
Porque los consumidores no los quieren, ya que son muy pequeños o porque el pescador sobrepasa su cuota.
¿No se puede sustituir la pesca por la acuicultura?
No cambia mucho. A los peces de cría se los alimenta con peces que provienen de la pesca.
Un cuarto de la pesca mundial se transforma en harina y aceite, para alimentar a las aves de corral, cerdos, peces... ¡y gatos!

¡La niebla ha llegado de golpe! Hay que esperar a que se vaya para irnos...
Tea for two
And two for tea
¿Puede durar mucho tiempo?
Sin duda pasaremos la noche aquí. Nos quedan provisiones y tenemos mantas de supervivencia.
Qué guay.
Va a ser la noche más blanca de mi vida...
RONNRR RRRON...
¡Ji ji! Ronca como un gato gigante.
¡¡Dios mío, Suzy!!
Espero que no tenga miedo solita... Que no tenga hambre... Que se quede quieta en la tienda...
Z
VRRAAAOOAA...
¡AAAAH! ¡¿Qué ha sido eso?!
AAOOOAAAARR...
¿Un scooter? ¿Una motosierra? ¿Un bebé llorando?
Es el grito de un frailecillo, ¿no?
Diría más bien de un frailecillo atlántico. Hay en la región.
FRAILECILLO ATLÁNTICO

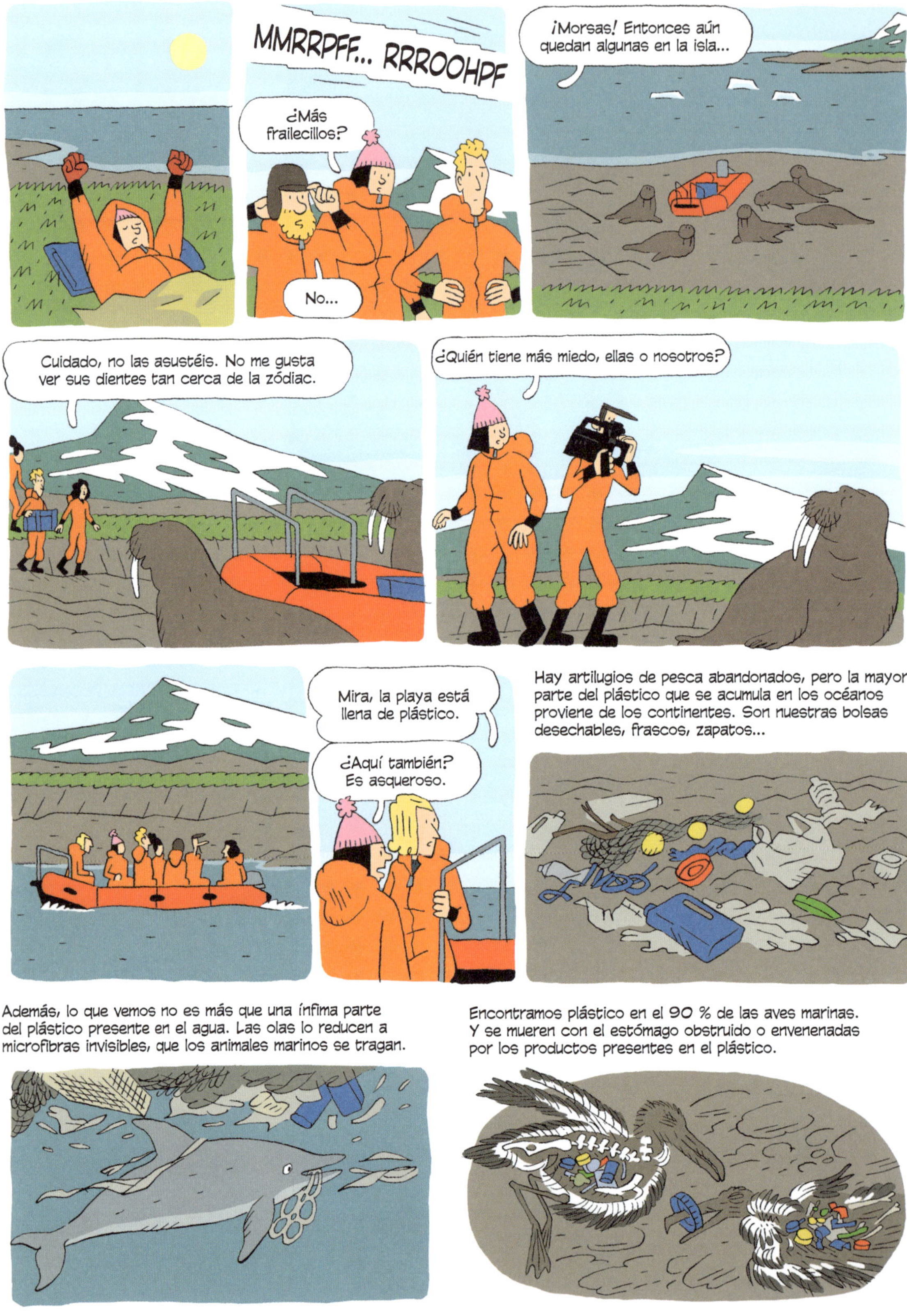
MMRRPFF... RRROOHPF
¿Más frailecillos?
No...
¡Morsas! Entonces aún quedan algunas en la isla...
Cuidado, no las asustéis. No me gusta ver sus dientes tan cerca de la zódiac.
¿Quién tiene más miedo, ellas o nosotros?
Mira, la playa está llena de plástico.
¿Aquí también? Es asqueroso.
Hay artilugios de pesca abandonados, pero la mayor parte del plástico que se acumula en los océanos proviene de los continentes. Son nuestras bolsas desechables, frascos, zapatos...
Además, lo que vemos no es más que una ínfima parte del plástico presente en el agua. Las olas lo reducen a microfibras invisibles, que los animales marinos se tragan.
Encontramos plástico en el 90 % de las aves marinas. Y se mueren con el estómago obstruido o envenenadas por los productos presentes en el plástico.

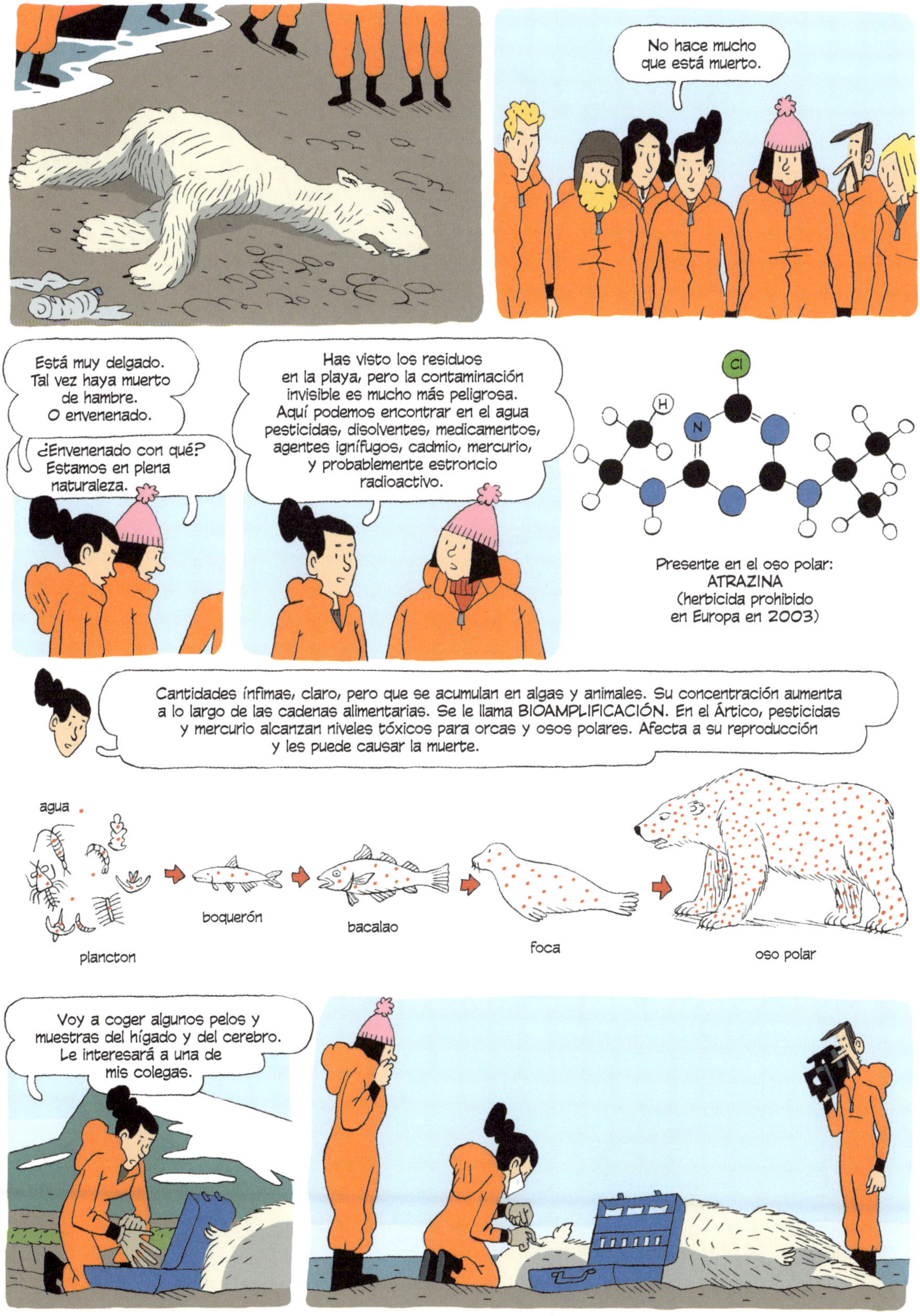
No hace mucho que está muerto.
Está muy delgado. Tal vez haya muerto de hambre. O envenenado.
¿Envenenado con qué? Estamos en plena naturaleza.
Has visto los residuos en la playa, pero la contaminación invisible es mucho más peligrosa. Aquí podemos encontrar en el agua pesticidas, disolventes, medicamentos, agentes ignífugos, cadmio, mercurio, y probablemente estroncio radioactivo.
Cl
H
N
Presente en el oso polar:
ATRAZINA
(herbicida prohibido en Europa en 2003)
Cantidades ínfimas, claro, pero que se acumulan en algas y animales. Su concentración aumenta a lo largo de las cadenas alimentarias. Se le llama BIOAMPLIFICACIÓN. En el Ártico, pesticidas y mercurio alcanzan niveles tóxicos para orcas y osos polares. Afecta a su reproducción y les puede causar la muerte.
agua
plancton
boquerón
bacalao
foca
oso polar
Voy a coger algunos pelos y muestras del hígado y del cerebro. Le interesará a una de mis colegas.

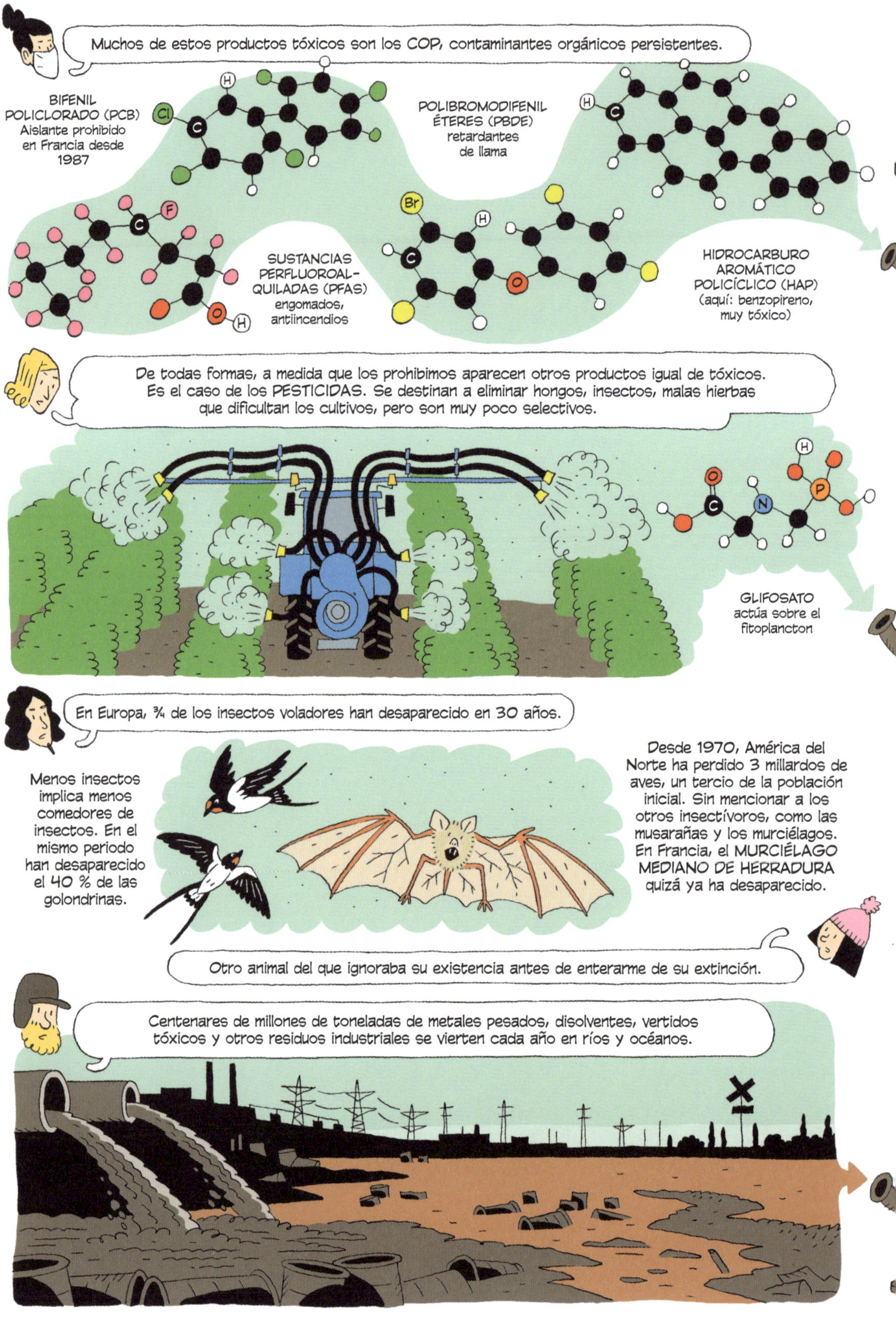
Muchos de estos productos tóxicos son los COP, contaminantes orgánicos persistentes.
BIFENIL POLICLORADO (PCB) Aislante prohibido en Francia desde 1987
Cl
C
H
POLIBROMODIFENIL ÉTERES (PBDE) retardantes de llama
H
C
F
C
O
H
SUSTANCIAS PERFLUOROALQUILADAS (PFAS) engomados, antiincendios
Br
C
H
O
HIDROCARBURO AROMÁTICO POLICÍCLICO (HAP) (aquí: benzopireno, muy tóxico)
De todas formas, a medida que los prohibimos aparecen otros productos igual de tóxicos. Es el caso de los PESTICIDAS. Se destinan a eliminar hongos, insectos, malas hierbas que dificultan los cultivos, pero son muy poco selectivos.
H
O
P
C
N
GLIFOSATO actúa sobre el fitoplancton
En Europa, ¾ de los insectos voladores han desaparecido en 30 años.
Menos insectos implica menos comedores de insectos. En el mismo periodo han desaparecido el 40 % de las golondrinas.
Desde 1970, América del Norte ha perdido 3 millardos de aves, un tercio de la población inicial. Sin mencionar a los otros insectívoros, como las musarañas y los murciélagos. En Francia, el MURCIÉLAGO MEDIANO DE HERRADURA quizá ya ha desaparecido.
Otro animal del que ignoraba su existencia antes de enterarme de su extinción.
Centenares de millones de toneladas de metales pesados, disolventes, vertidos tóxicos y otros residuos industriales se vierten cada año en ríos y océanos.

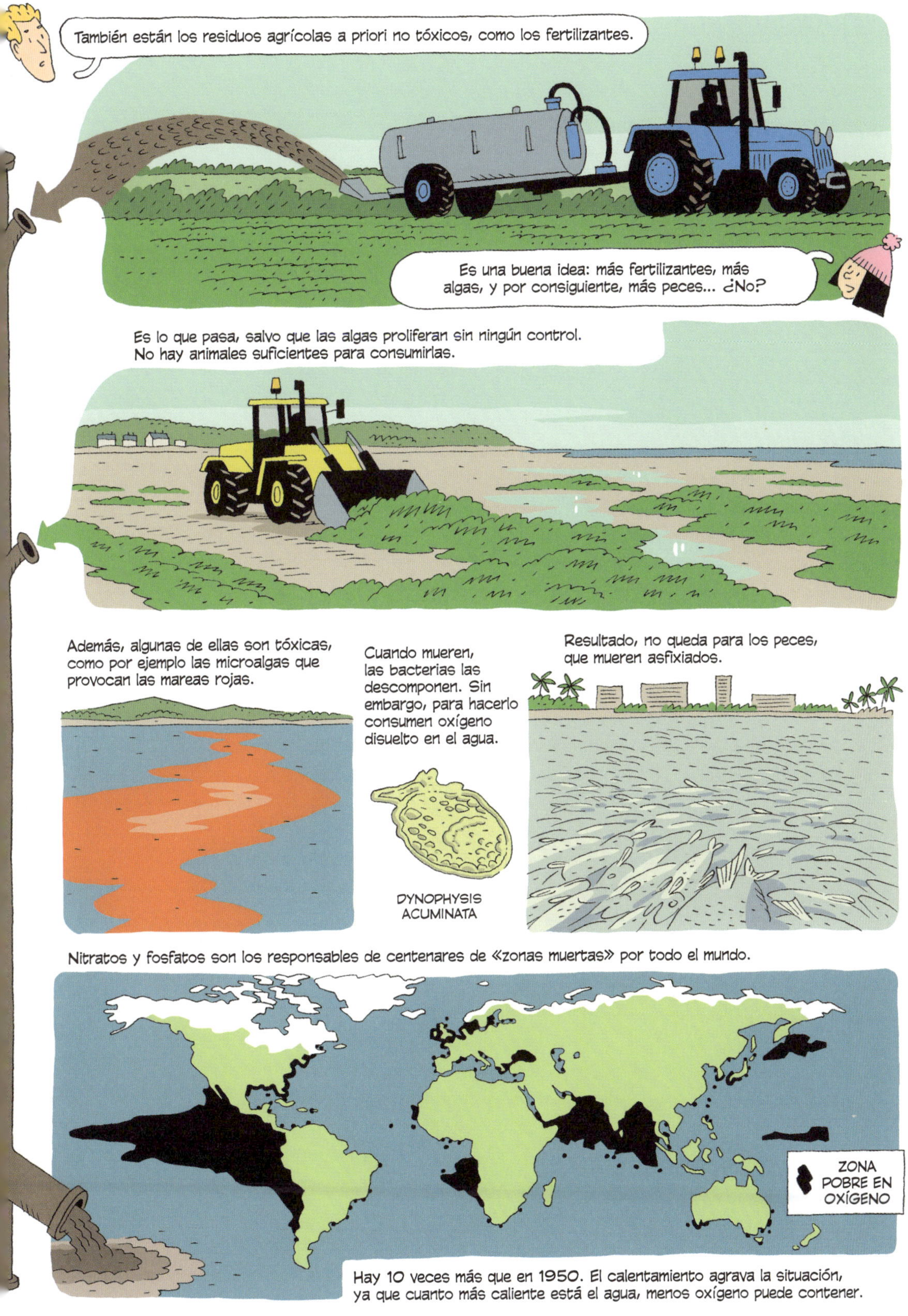
También están los residuos agrícolas a priori no tóxicos, como los fertilizantes.
Es una buena idea: más fertilizantes, más algas, y por consiguiente, más peces... ¿No?
Es lo que pasa, salvo que las algas proliferan sin ningún control. No hay animales suficientes para consumirlas.
Además, algunas de ellas son tóxicas, como por ejemplo las microalgas que provocan las mareas rojas.
Cuando mueren, las bacterias las descomponen. Sin embargo, para hacerlo consumen oxígeno disuelto en el agua.
DYNOPHYSIS ACUMINATA
Resultado, no queda para los peces, que mueren asfixiados.
Nitratos y fosfatos son los responsables de centenares de «zonas muertas» por todo el mundo.
ZONA POBRE EN OXÍGENO
Hay 10 veces más que en 1950. El calentamiento agrava la situación, ya que cuanto más caliente está el agua, menos oxígeno puede contener.

-9-

UNA EVASIÓN INVASIVA

Bueno, resumiendo...
Los animales se extinguen por culpa de la caza, la destrucción de su hábitat y la contaminación... y el calentamiento global no ayuda.
A menudo se trata de todo a la vez, como en el caso de la alondra común, una especie antes abundante que pronto puede estar amenazada.
¡Lástima!
Con esto puedo montar mi documental. ¿Os queda contarme algo más?
Existe otro factor, a veces dramático: las invasiones de especies exóticas.
Exóticas quiere decir importadas a una región donde no existían antes.
Por ejemplo...
¡... los gatos!
¿Suzy? ¡Soy yo!
¿Suzy?
!!

Dios mío, Alice se va a poner furiosa.
Lo que no te he contado es que Suzy está esperando.
Realmente furiosa.
¡¿QUÉ?!
¡¡¿SERÁ UNA BROMA?!!
Lo siento...
No ha podido ir muy lejos.
¡Nunca tendría que haber aceptado al gato! Hay que encontrarlo cueste lo que cueste.
Eh, ¿para qué es, el fusil?
¡Para los osos, desafortunadamente!
De todas formas, ¿no te estás preocupando demasiado, solo por un gato?
Creo que no te has enterado...
En 1957, llevaron dos gatos a las Kerguelen, islas parecidas a estas, pero en el Antártico. La idea era eliminar a los ratones de la base científica y a los conejos que habían invadido las islas.
Un gato mata más de 100 presas al año, aves o pequeños mamíferos. Es un depredador oportunista, que puede comerse a cualquier animal de entre 1 gramo y dos kilos, insectos o conejos. Los dos gatos de las Kerguelen se convirtieron en varios miles. En efecto, mataron a las ratas y los conejos, pero también a las crías de albatros y petreles.
¡Ah, malas bestias! ¡Hay que encontrar al maldito gato, vivo o muerto!
Ya está bien, ¿no? ¡Como alguien le haga daño, se las verá conmigo!

Ya basta, Emma. Aquí las órdenes las doy yo.
Está guapa cuando se enfada...
Alice y la caza del gato
En las Kerguelen, no llegamos a desembarazarnos de los gatos, solo a controlar su número en ciertas zonas.
¡Ah, los científicos también cometen errores!
Sí, pero aprenden de los errores.
En las islas, los gatos están implicados directamente en la desaparición de 33 especies:
LAGARTO DE COLA RIZADA DE NAVASSA (Caribe)
YERBERA DE LAS CHATAM (Nueva Zelanda)
ZORZAL DE BONIN (Japón)
JUTÍA DE LAS ISLAS SANTANILLA (Caribe)
POLLUELA HAWAIANA
BILBI MENOR (Australia)
... ayudados por otras especies también introducidas por el hombre.
PERRO
RATA
MANGOSTA
CERDO
EUGLANDINA (caracol carnívoro)
SAPO GIGANTE
En la actualidad, estos depredadores amenazan a más de 600 especies. ¡Así que de ningún modo dejaremos a la gata y sus cachorros en la isla!

Puede ser un depredador, como el gato, o un competidor, como la ARDILLA DE LAS CAROLINAS americana, que amenaza a la ardilla roja europea y que queremos erradicar...

Puede ser una planta como la MICONIA, que ha invadido los bosques de la Polinesia y de Hawái.

¡Se la ha apodado el «cáncer verde» o la «peste púrpura»!

Y hasta un hongo como el CHYTRIDIOMYCOTA, un parásito que se ha expandido por todo el mundo aprovechando el comercio de ranas. ¡Ya ha eliminado a un centenar de especies de anfibios!

RANA DORADA,
amenazada

¡¿SUZYYY!?
¿Pero dónde se habrá metido? ¡Ya empiezo a estar harta!
¡CUIDADO!
FLAP FLAP FLAP
AYYYYYYY
FLAP FLAP FLAP
¡Es un PÁGALO! Anida en el suelo y no le gusta que se acerquen a su nido...
¡Está loco de remate!
Pon este bastón bien vertical. Si el págalo vuelve, atacará al punto más alto.
¡Ah, por eso me ha atacado a mí y no a ti!
Sé lo que es la biodiversidad, pero igualmente hay algunas bestias de las que podríamos prescindir.
Eso dicen los ratones de los gatos.
Las hay más peligrosas: piensa en los hipopótamos, escorpiones, serpientes venenosas... A algunos países les gustaría erradicar a sus animales peligrosos, otros se adaptan...
En la India, los tigres están protegidos y en América del Norte convivimos con 900.000 osos negros, además de los grizzlies y de los osos polares. ¡Y nadie quiere eliminarlos!
Nada... ¿Crees que lo vamos a encontrar?
Debemos.

Pero el animal más peligroso de todos...
... no en sí mismo, sino porque sus centenares de especies pican a los humanos y nos transmiten el paludismo, el dengue, la chikunguña, la fiebre amarilla y muchas otras enfermedades, con millones de muertos cada año...
... ¡es el MOSQUITO!
En lo que a él respecta, hay debate: algunos piensan que sería suficiente con eliminar 30 especies de las 3.500 que conocemos, ¡menos de un 1 %!
OK, eliminamos a los mosquitos y a los págalos.
Pero al igual que con la introducción de nuevas especies, antes de actuar es preferible evaluar las consecuencias. Dejaríamos sin alimento a pájaros y murciélagos insectívoros, o a los peces que se comen sus larvas...
Ah...
Y puede que otros mosquitos los remplazasen... Puede que los parásitos y los virus encontrasen otros vectores de transmisión aún más eficaces.
Sí...
En realidad, no tenemos ni la menor idea de las consecuencias que tendría la erradicación de los mosquitos.
OK, nos quedamos con los mosquitos y los págalos...
... y los gatos. ¿Dónde está el maldito gato? Ya no puedo más.
Disculpa, Sven, pero creo que ya no puedo más...
Descansa aquí cinco minutos, yo voy más lejos a ver.
No, no me dejes sola...
Quédate conmigo...
Miau...

Emma y Sven han encontrado a los gatos.
¡UF!
Las crías de la isla Heyerdahl están salvadas.
Sí, de momento.
Un cámara enamorado de las aves... ¡Me encanta!
Te he filmado bien.
¿Por qué no nos filmas bien a los dos?
El pajarito va a salir...
¡Suzy tiene cuatro gatitos! ¡Qué alivio, por Dios!
Sven, hace tres semanas que sueño con un beso bajo las estrellas... ¿Puedo al menos tener el beso?
Es que...
Es imposible, Emma, hay alguien. Estoy con Trygve...
¡¿Ah sí?!
Sois tremendamente discretos. No me había dado cuenta.
Lo intentamos. Es lo mejor para la cohesión del equipo.
!!
Los hay que no están nada preocupados por la cohesión del equipo.

De todas formas, son monos...
Ahora que tiene a sus pequeños, ya no se moverá de aquí.
Silencio, voy a hacer un vídeo de los gatitos.
Estoy contenta de que hayamos encontrado a los gatos, Emma. ¡La 6ª extinción no la provocaremos nosotros!
400 especies de vertebrados en un siglo, ¿no?
Sí.
No parece enorme, pero en realidad esa cifra en condiciones normales correspondería más bien a un periodo de 10.000 años. Y solo hablamos de los vertebrados...
Solo hay 70.000 especies, muy pocas en comparación con las de insectos, gusanos, moluscos o plantas, que también desaparecen.
Aun así, 4 vertebrados por año, ¿justifica que hablemos...?
Hhhh... Perdón... ¿Que hablemos de 6ª extinción?
Z
¡Extinción de Emma!
Venga, todos a la cama.

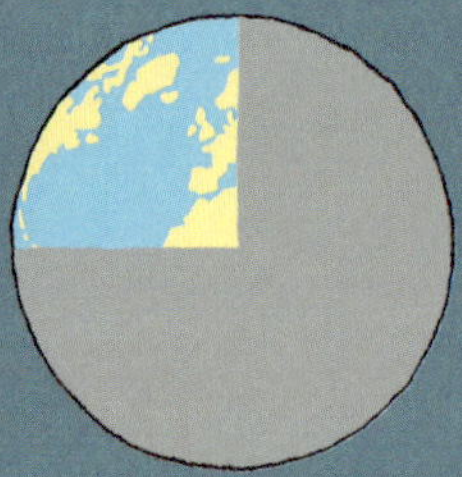

-10-
SEXTA
EXTINCIÓN

A parte de las extinciones en masa, las especies raras son las más amenazadas. Pero hoy, hasta las especies «banales» están en peligro, y entre ellas, algunos animales carismáticos, esos de los que fabricamos peluches para los niños:

La UICN (Unión Internacional para la Conservación de la Naturaleza) ha establecido una lista roja evaluando la situación de más de 120.000 especies animales y vegetales. Una cuarta parte de ellas está amenazada de extinción.
EX
Extinguida
EW
Extinguida en la naturaleza
CR
En peligro crítico de extinción
EN
En peligro
VU
Vulnerable
NT
Casi amenazada
LC
Preocupación menor
Amenazada
LEÓN (20.000)
VU
TIGRE (2.500)
EN
GUEPARDO (7.000)
VU
ELEFANTE ASIÁTICO (45.000)
EN
BONOBO (20.000)
EN
PANDA (1.000)
VU
GORILA DE MONTAÑA (1.000)
CR
(cifra de supervivientes en 2020)
Cuando los efectivos de una especie son muy reducidos o disminuyen rápidamente, la especie se clasifica en la categoría de «en peligro crítico de extinción». En este caso son más de 7.000, es decir, el 6 %.
Si suponemos que las especies no evaluadas están en la misma situación, entonces en la actualidad hay entre 2 y 3 millones de especies amenazadas.
¡Mira, un alien! «Taraxacum officinale»...
¿Una especie invasora?
Sí.
Hoy, como todos hemos casi terminado nuestro trabajo, os propongo un poco de ciencia participativa con la forma de un fotosafari...
¡Guay!
Me gustaría completar mis extracciones de ADN para un inventario de fotos de flores de la isla. Siendo siete, encontraremos más. Y si no conocéis las especies, no importa. Yo las identificaré a partir de vuestras fotos.

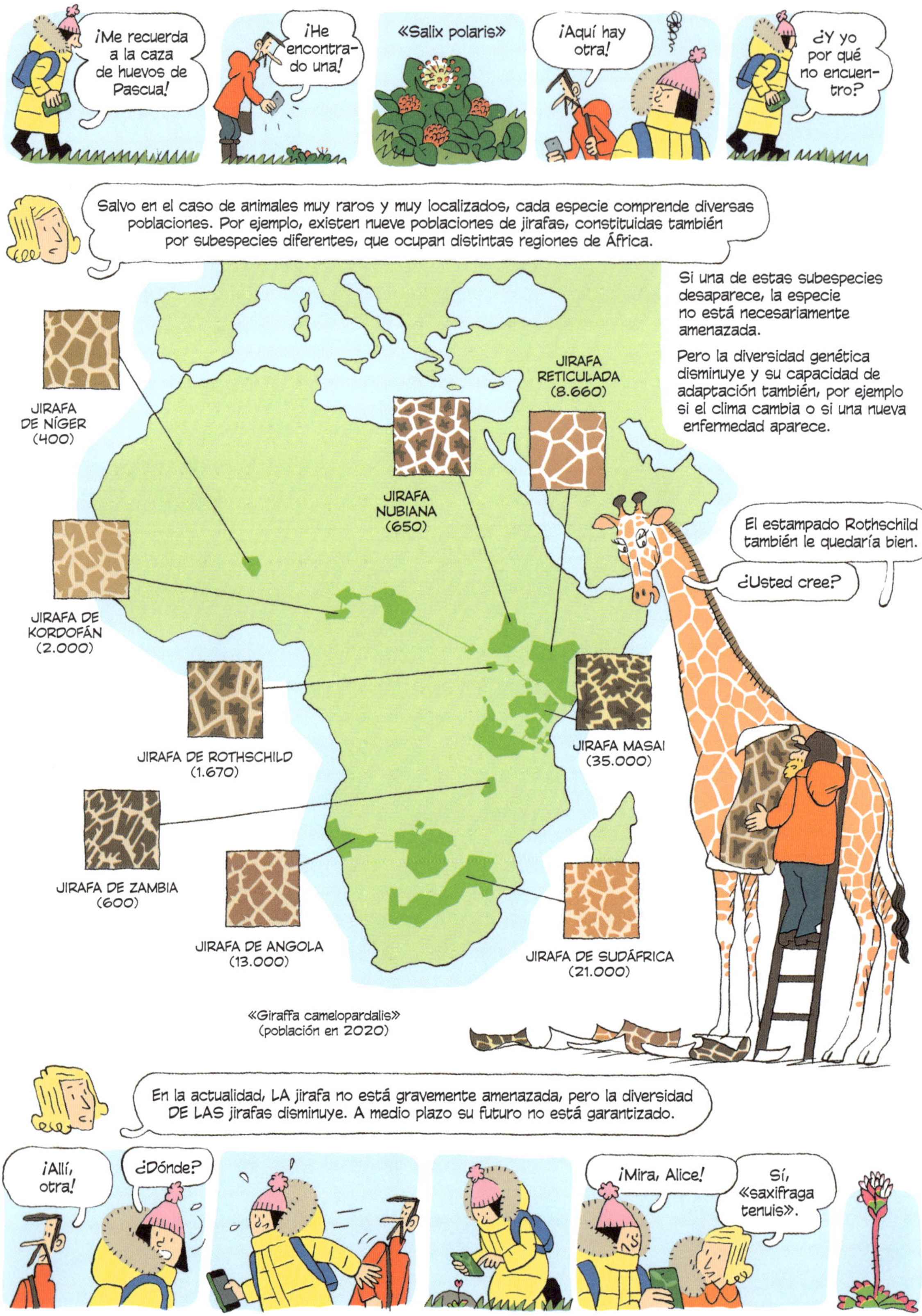
¡Me recuerda a la caza de huevos de Pascua!
¡He encontrado una!
«Salix polaris»
¡Aquí hay otra!
¿Y yo por qué no encuentro?
Salvo en el caso de animales muy raros y muy localizados, cada especie comprende diversas poblaciones. Por ejemplo, existen nueve poblaciones de jirafas, constituidas también por subespecies diferentes, que ocupan distintas regiones de África.
Si una de estas subespecies desaparece, la especie no está necesariamente amenazada.
Pero la diversidad genética disminuye y su capacidad de adaptación también, por ejemplo si el clima cambia o si una nueva enfermedad aparece.
JIRAFA DE NÍGER (400)
JIRAFA NUBIANA (650)
JIRAFA RETICULADA (8.660)
JIRAFA DE KORDOFÁN (2.000)
JIRAFA DE ROTHSCHILD (1.670)
JIRAFA MASAI (35.000)
JIRAFA DE ZAMBIA (600)
JIRAFA DE ANGOLA (13.000)
JIRAFA DE SUDÁFRICA (21.000)
El estampado Rothschild también le quedaría bien.
¿Usted cree?
«Giraffa camelopardalis» (población en 2020)
En la actualidad, LA jirafa no está gravemente amenazada, pero la diversidad DE LAS jirafas disminuye. A medio plazo su futuro no está garantizado.
¡Allí, otra!
¿Dónde?
¡Mira, Alice!
Sí, «saxifraga tenuis».

ZARAPITO FINO (Europa)
50 supervivientes

VAQUITA MARINA
18 supervivientes

RINOCERONTE DE SUMATRA
80 supervivientes

También es así para los insectos. Sus poblaciones son difíciles de cuantificar, pero están en caída constante desde hace 50 años.

El 40 % de las especies están en riesgo de desaparecer en algunas décadas.

Cuando una especie no cuenta con suficientes individuos, la reproducción se hace más difícil y el riesgo de extinción aumenta.

En global, en 40 años, hemos eliminado ente el 50 y el 60 % de la fauna. Y la situación anterior ya estaba muy degradada.

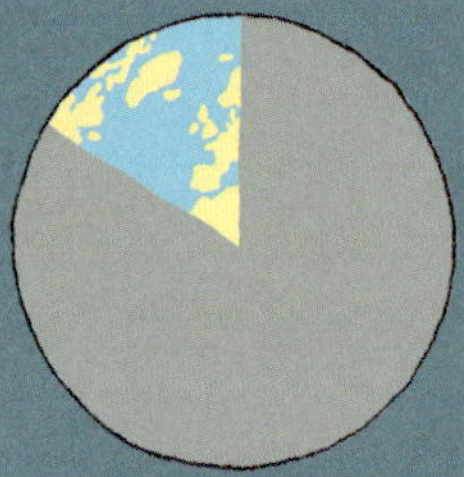

- 11 -

EL CREPÚSCULO DE LAS ESPECIES

Cuando el dodo desapareció, no cambió gran cosa, salvo tal vez para las plantas de las que comía los frutos y dispersaba las semillas.

Pero algunas especies juegan un papel esencial para el conjunto de su ecosistema: son las «especies clave», cuya desaparición tiene consecuencias especialmente graves. Por ejemplo, las **NUTRIAS MARINAS** viven en los quelpos, bosques de algas en las costas de California y Alaska.

Los tramperos cazaron nutrias hasta 1911 y llevaron la especie al borde de la extinción. Paralelamente, la fauna y la flora de los quelpos se han debilitado, y los pescadores también lo han sufrido.

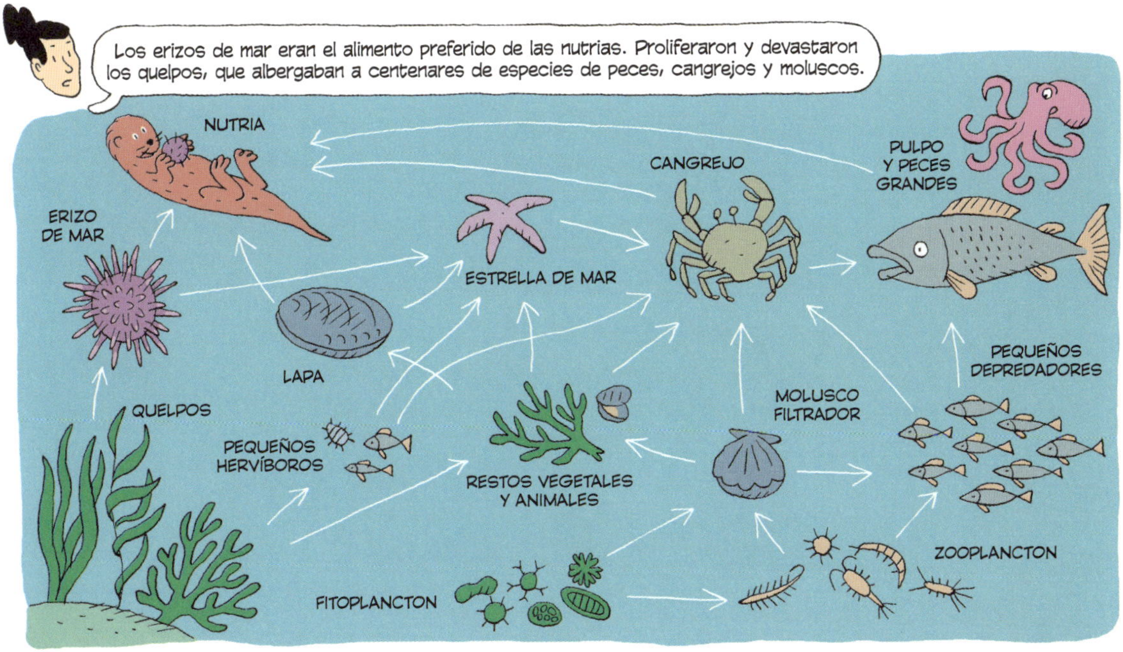

Buena noticia: cuando se reintrodujeron las nutrias, el ecosistema se restableció.

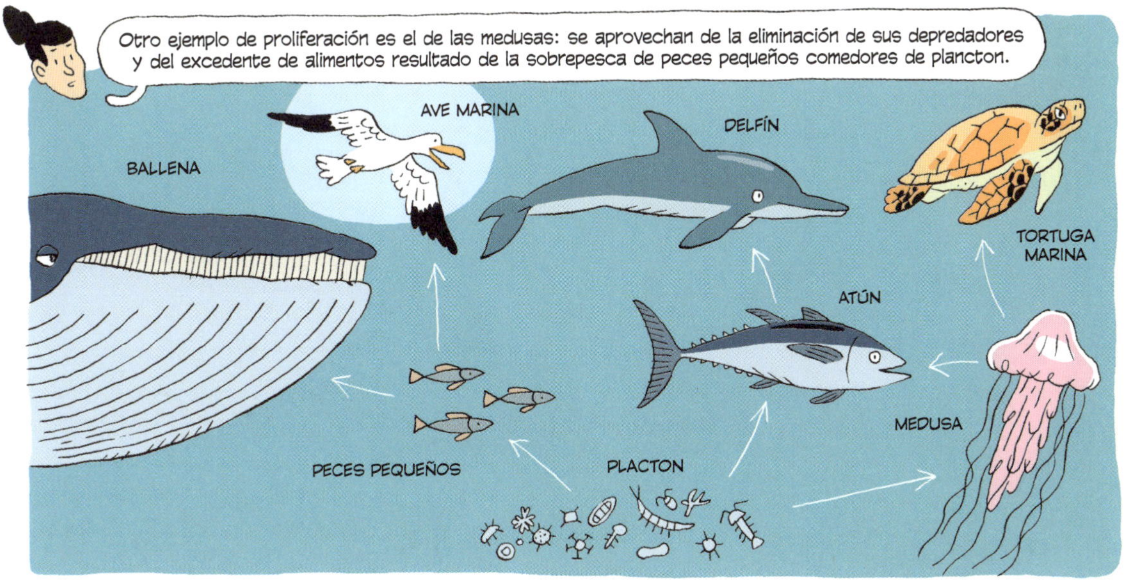

El fenómeno es cada vez más frecuente. Al final, las medusas podrían tomar el sitio de los peces y provocar una «gelatinización» de los océanos. Si esto ocurre, nos afectará directamente. La pesca es una actividad esencial para centenares de millones de personas.

A veces pasa que una especie sobrevive, pero solo como prórroga. Antes de ser exterminados por los colonos europeos, decenas de millones de bisontes recorrían las grandes praderas americanas.
PAM PAM PAM PAM PAM
En 1900, solo quedaban 300. Los bisontes supervivientes son «zombis ecológicos»: siguen ahí pero ya no desempeñan su papel y su ecosistema, la pradera, casi ha desaparecido, sustituida por campos de maíz.
¡Pobres zombis... eh, bisontes!
Sin embargo necesitamos a las otras especies. ¡Y no solo las vacas y el maíz! Las especies domésticas no pueden sustituir a las especies salvajes.
Los insectos polinizan el 70 % de las flores. Sin ellos, no tendríamos ni frutas, ni legumbres.
Si fuese necesario que asegurásemos nosotros mismos la polinización, la dispersión de simientes, la eliminación de parásitos... ¡costaría miles de millares de euros al año!
Los gusanos de tierra mejoran la productividad de las tierras agrícolas. Multitudes de insectos, hongos y bacterias reciclan los elementos minerales esenciales...
?
Sin esos auxiliares, la agricultura sería casi imposible.

¿Todo bien, Luis?
¿Eh?
Me faltan árboles... ¡Volvamos pronto a Eurosilvania!
Las especies salvajes son igualmente importantes para la conservación de la diversidad genética y la mejora de las plantas de cultivo y los animales de cría.
Sin olvidar las plantas medicinales y los medicamentos que provienen directamente de plantas y animales.
Mmm...
Pero naturaleza también son los microbios, los animales que nos transmiten enfermedades, y los riesgos de pandemias que aumentan...
Es cierto, las regiones tropicales son ricas en virus y parásitos peligrosos. Pero la biodiversidad nos protege también. Las enfermedades aparecen sobre todo cuando los ecosistemas se degradan...
Lo mismo con las catástrofes naturales: bosques y marismas reducen la gravedad de las inundaciones...
Manglares y corales protegen el litoral de las tempestades.
En su conjunto, los ecosistemas son indispensables para nuestras actividades. Y para nuestra propia vida: ¡los bosques y el fitoplancton producen el oxígeno que respiramos!
Las consecuencias de las extinciones no son aún muy visibles, pero los signos se acumulan. Si no hacemos nada hoy, dentro de 50 o 100 años será demasiado tarde.
¡Oh, dos bonitas flores polares!
Idiota.
¿Ellos también?
Bueno. Faltan aún tres horas para que se ponga el sol.

... sin tigres, sin elefantes, sin libélulas, sin orquídeas...

... sin las 7.000 especies en peligro crítico de extinción:

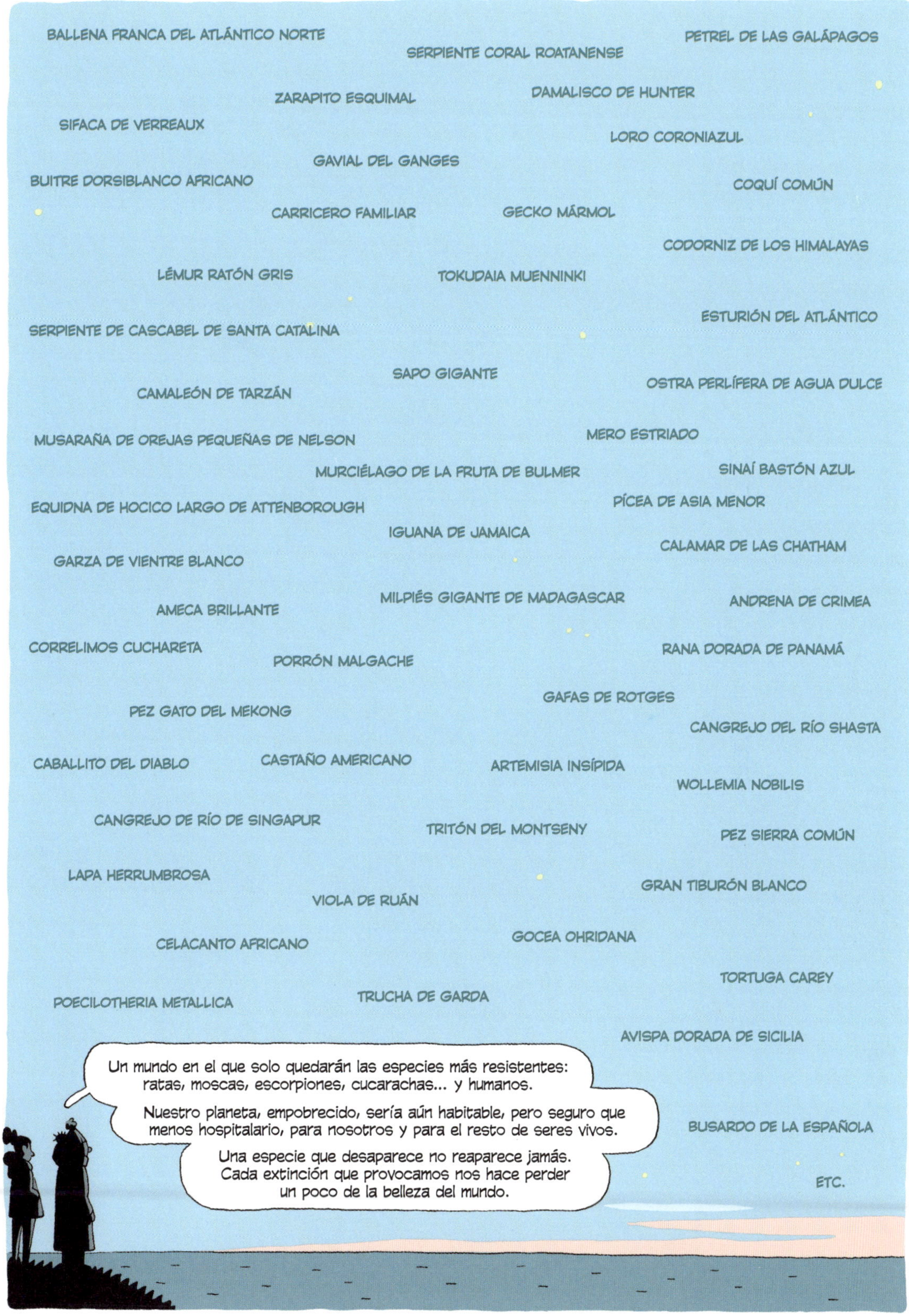
BALLENA FRANCA DEL ATLÁNTICO NORTE
PETREL DE LAS GALÁPAGOS
SERPIENTE CORAL ROATANENSE
DAMALISCO DE HUNTER
ZARAPITO ESQUIMAL
SIFACA DE VERREAUX
LORO CORONIAZUL
GAVIAL DEL GANGES
BUITRE DORSIBLANCO AFRICANO
COQUÍ COMÚN
CARRICERO FAMILIAR
GECKO MÁRMOL
CODORNIZ DE LOS HIMALAYAS
LÉMUR RATÓN GRIS
TOKUDAIA MUENNINKI
ESTURIÓN DEL ATLÁNTICO
SERPIENTE DE CASCABEL DE SANTA CATALINA
SAPO GIGANTE
OSTRA PERLÍFERA DE AGUA DULCE
CAMALEÓN DE TARZÁN
MERO ESTRIADO
MUSARAÑA DE OREJAS PEQUEÑAS DE NELSON
MURCIÉLAGO DE LA FRUTA DE BULMER
SINAÍ BASTÓN AZUL
PÍCEA DE ASIA MENOR
EQUIDNA DE HOCICO LARGO DE ATTENBOROUGH
IGUANA DE JAMAICA
CALAMAR DE LAS CHATHAM
GARZA DE VIENTRE BLANCO
MILPIÉS GIGANTE DE MADAGASCAR
ANDRENA DE CRIMEA
AMECA BRILLANTE
CORRELIMOS CUCHARETA
RANA DORADA DE PANAMÁ
PORRÓN MALGACHE
GAFAS DE ROTGES
PEZ GATO DEL MEKONG
CANGREJO DEL RÍO SHASTA
CABALLITO DEL DIABLO
CASTAÑO AMERICANO
ARTEMISIA INSÍPIDA
WOLLEMIA NOBILIS
CANGREJO DE RÍO DE SINGAPUR
TRITÓN DEL MONTSENY
PEZ SIERRA COMÚN
LAPA HERRUMBROSA
GRAN TIBURÓN BLANCO
VIOLA DE RUÁN
GOCEA OHRIDANA
CELACANTO AFRICANO
TORTUGA CAREY
TRUCHA DE GARDA
POECILOTHERIA METALLICA
AVISPA DORADA DE SICILIA
BUSARDO DE LA ESPAÑOLA
ETC.
Un mundo en el que solo quedarán las especies más resistentes: ratas, moscas, escorpiones, cucarachas... y humanos.
Nuestro planeta, empobrecido, sería aún habitable, pero seguro que menos hospitalario, para nosotros y para el resto de seres vivos.
Una especie que desaparece no reaparece jamás. Cada extinción que provocamos nos hace perder un poco de la belleza del mundo.

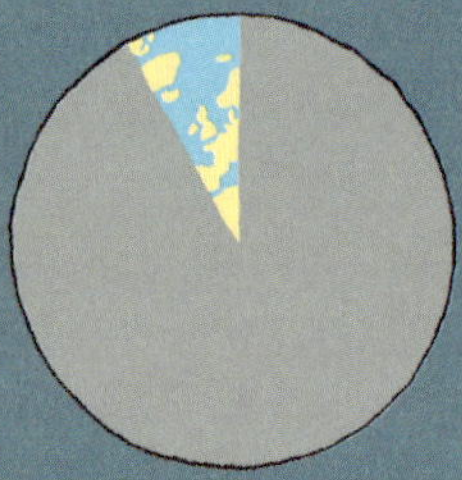

- 12 -

UN POCO DE ESPERANZA

¿Todo bien?
Psií...
Madre mía... Esa cara de tristeza es por la partida...
Es más bien que vine a filmar sobre el calentamiento global y me ha salido una película sobre el fin del mundo...
Tal vez no hemos insistido lo suficiente en los aspectos positivos.
Para empezar, el mundo está tomando consciencia del problema de las extinciones, como lo ha hecho con el calentamiento global.
En 2012, un centenar de países crearon el IPBES (Plataforma Intergubernamental Científico-normativa sobre Diversidad Biológica y Servicios de los Ecosistemas).
Tiene la misión de evaluar la situación y proponer alternativas para evitar la catástrofe que viene.
Hoy muchas especies están protegidas, lo que ha permitido salvar a centenares, como los gorilas.
La NUTRIA EUROPEA estaba «en peligro», ahora solo es «vulnerable».
El RASCÓN DE GUAM se había extinguido en su isla natal. Fue reintroducido en otro archipiélago y de momento está a salvo.
3 especies de 7.000, ¡bravo! ¿Qué voy a hacer con estos?

Pero es verdad que estos programas son caros y que no se podrán beneficiar de ellos todas las especies. Todo el mundo querrá salvar a los osos polares, las orcas o los elefantes. ¿Pero lucharán por los insectos o los peces?
Si se destruye su entorno, no servirá de mucho haberlos salvado. Hay que preservar también los medios naturales.
¿Bajamos el rino?
Sí.
En el interior de una zona protegida, en principio todo el mundo está a salvo. Existen más de 200.000 y su superficie se ha doblado en 20 años.
Pero la mayor parte de ellas son demasiado pequeñas o están demasiado aisladas y no compensan la desaparición de las zonas salvajes.
Los parques destinados a osos pandas han sido útiles, pero no suficientes para lobos y leopardos, que han desaparecido.
¿Sven?
Sí, perdón.
Las áreas terrestres tendrían que pasar de los 10.000 km², es decir, dos departamentos franceses. También tendrían que ser auténticos santuarios, ya que en la mayoría de casos están permitiendo un uso «sostenible» de los recursos, pesca y caza incluidas.
Queda por hacer. Algunos países...
¡SVEN!
Sí, cuando queráis.
Algunos países, como China o Rusia, impiden la creación de inmensas áreas marinas protegidas en el Antártico.
Ibas a hablar de aspectos positivos.

¿Va todo bien?
Sí, sí, ¿dónde estábamos?
Áreas protegidas.
Ah, sí. De todos modos, todos estos esfuerzos serán inútiles si no atacamos las causas de la crisis actual, es decir, nuestra forma de vida.
Nuestro impacto sobre el planeta es desmesurado. Consumimos más recursos que los que la Tierra puede ofrecer. De paso, destruimos los medios naturales, contaminamos y calentamos el planeta.
La población mundial aumenta y sueña con el mismo nivel de vida que el de los países ricos.
!
¡SVEN, EL BARCO!
Ah.
¡Alice, Charlotte! ¡El barco!
¡Sí, el barco!
Industria, agricultura, transporte, urbanización... Hay que volver a pensarlo todo para tener en cuenta nuestro impacto sobre la naturaleza.
El barco...
TOOOOOOT
Comer menos carne, consumir menos energía, tirar menos plástico... Viajar menos y de forma más responsable...
Mientras no cambiemos nuestros hábitos de consumo, los lobbies industriales, que frenan cualquier decisión política, tendrán mucho poder.
Sí...
¿Pero cómo unimos desarrollo y protección del medioambiente? Los humanos no van a apartarse ante la naturaleza.

No se trata de convertir la naturaleza en intocable. Es totalmente posible explotar ciertos recursos sin sobrepasar las capacidades del planeta.
¿Como con la pesca sostenible?
Sí, a menudo no es más que un eslogan, pero igualmente tiene un sentido: hasta cierto punto, los peces pueden compensar las pérdidas en la pesca, porque los supervivientes tienen más alimentos y crecen más rápido.
La explotación de los bosques y la agricultura también pueden ser sostenibles.
Pero degradamos la naturaleza.
¡Es inevitable!
Todas las especies vivas modifican su entorno y perturban la vida del resto de especies.
Al final la situación se estabiliza, al menos a largo plazo.
Nosotros también tenemos nuestro lugar entre las otras especies en tanto que especie viva. Sin embargo, no podremos sustituir con máquinas las especies que hayamos eliminado.
Necesitamos a los seres vivos. A TODOS los seres vivos del planeta.
¡Maldito barco! Tenemos que dejar la isla...
...
¡Esa cara de tristeza es por la partida!
Al fin un cielo estrellado.

Es una gaviota de Sabine...
No es peligrosa (ni está amenazada).
GAVIOTA DE SABINE
¿Y el resto de especies? ¿Aún podemos salvarlas?
Sí, pero hay que actuar rápido. 20 o 30 años como máximo.
¿Y si fracasamos?
Ya está, todo embarcado. Podemos despedirnos de la isla de Heyerdahl.
Si fracasamos, acabarán apareciendo nuevas especies. Tomará tiempo, algunos millones de años, pero sería interesante verlo.
¿Aún estaremos aquí?
¡Nosotros, no! La duración de la vida de las especies es limitada, al menos en su forma inicial. Si tenemos descendientes, ya no serán completamente humanos... ¡para nosotros!
Mientras esperamos, mejor nos ocupamos de la naturaleza actual, la única con la que podemos vivir.
Cada especie es una maravilla que hay que preservar...
¡Y dentro de unos millones de años, ya veremos!

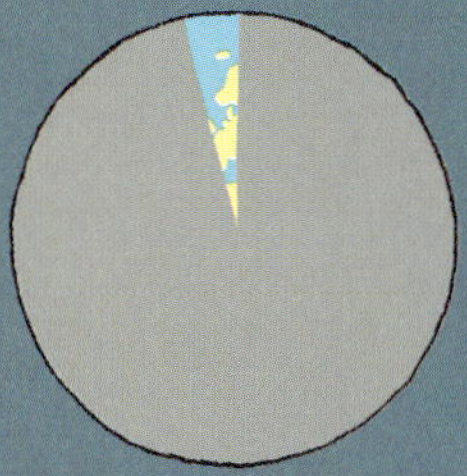

GLOSARIO

Adaptación: Transformación de una especie animal o vegetal a lo largo de la evolución, a consecuencia de los cambios de su entorno. La adaptación conlleva una mejor supervivencia o una mayor eficacia en la reproducción de los individuos.

ADN: El ácido desoxirribonucleico código de numerosas informaciones necesarias en el desarrollo de un ser vivo y en su funcionamiento. En cada célula, el ADN se reparte en varios filamentos, los cromosomas.

Aparición: Nacimiento de una nueva especie a partir de una especie ancestral. Esta puede entonces desaparecer o mantenerse, paralelamente a la especie hija.

Biodiversidad: Diversidad de seres vivos, que podemos estimar por el número de especies presentes en un medio o en toda la Tierra.

Biomasa: Masa total de los seres vivos de un medio. Podemos evaluar la biomasa de una especie única o de un grupo más amplio de la fauna o de la flora.

Ecosistema: Conjunto constituido por un entorno y los animales, plantas y bacterias que viven en él. El ecosistema también se define por las relaciones que existen entre el medio y los seres vivos, así como las relaciones de los seres vivos unos con otros.

Endémico: Una especie endémica solo vive en una única región, por ejemplo en una isla o valle aislado.

Especie: Grupo se seres vivos capaces de reproducirse entre ellos o descendientes los unos de los otros.

Evolución: Transformaciones de una especie animal o vegetal a lo largo del tiempo. En sentido amplio, la evolución es también la historia de la aparición, las modificaciones y la desaparición de las especies desde el origen de la vida en la Tierra.

Extinción: Desaparición de una especie o de un grupo de especies. Una especie se extingue cuando todos los individuos que la componen mueren o les resulta imposible la reproducción.

Familia: Grupo de especies que comparten la misma estructura o descienden de un ancestro común (por ejemplo, los homínidos, los felinos o las orquídeas).

Gelatinización: Término destinado a calificar la invasión de los océanos por las medusas, animales de consistencia gelatinosa.

Homínidos: Familia de primates (simios) que comprenden a los chimpancés, bonobos, gorilas, orangutanes y humanos, así como a las especies fósiles vecinas (por ejemplo, los australopitecus).

Manglar: Bosque adaptado al agua salada, que crece en los litorales pantanosos de las regiones tropicales.

Marsupial: Mamífero que nace en estado embrionario y que se desarrolla dentro de la bolsa ventral de su madre. El canguro, el koala o el colicorto gris son marsupiales.

Naturalista: Antes del siglo xx, erudito especializado en ciencias naturales. Término en desuso en la actualidad, ya que los científicos están muy especializados: biólogos, paleontólogos, zoólogos, botánicos, geólogos, etc.

Permafrost: Suelo en el que la temperatura es siempre inferior a los 0 °C. En verano, la superficie se calienta lo suficiente para que se deshiele y permita el desarrollo de la vegetación.

Plancton: Conjunto de seres vivos que viven en suspensión en el agua, salada o dulce.

Población: Conjunto de los individuos de una misma especie que viven en la misma región y que se reproducen entre ellos. A menudo, una especie está formada por diversas poblaciones más o menos aisladas las unas de las otras.

Selección natural: Selección de los individuos por el entorno, en función de sus capacidades de sobrevivir. Es la selección la que orienta la evolución de las especies.

Simbiosis: Asociación con beneficios recíprocos entre dos especies animales, vegetales o bacterianas, particularmente estrecha y necesaria entre las dos especies.

Sobreexplotación: Explotación excesiva de las poblaciones vegetales o animales, con el riesgo de provocar su desaparición (ejemplo: la sobrepesca).

Subespecie: Población de una especie lo suficientemente aislada para ser morfológicamente distinta de las otras poblaciones de la misma especie. La reproducción continúa siendo posible, aunque se produce raramente.

Tundra: Medio natural de las regiones frías que comprende molsas, líquenes, flores y algunos arbustos enanos.

Vertebrados: Conjunto de animales con esqueleto óseo interno (cráneo, columna vertebral, huesos de los miembros). Son vertebrados los peces, anfibios, reptiles, aves y mamíferos.

FUENTES DOCUMENTALES

Página 5: La isla (imaginaria) Heyerdahl debe su nombre al antropólogo y navegante noruego Thor Heyerdahl (1914-2002), famoso por su travesía del Pacífico en 1947 a bordo de una balsa, el *Kon-Tiki*. El entorno de esta isla es similar al del archipiélago Svalbard (Spitzberg), en el océano Ártico.

Página 16: El grabado del «diluvio» proviene de una obra de Louis Figuier, *La Tierra antes del Diluvio* (1862); el retrato de Curvier es un cuadro de François-André Vincent.

Página 17: El retrato de Lyell ha sido extraído de *Popular Science Monthly*, vol. 1; el retrato de Darwin es un grabado de 1854 (proveniente de *Harper's magazine*), extraído de la edición de 1888 de *La vida y la correspondencia de Charles Darwin*.

Página 20: Sobre el níquel, marca de la gran extinción del final de la era primaria: Michael R. Rampino et al. (2017). «Global nickel anomaly links Siberian Traps Eruptions and the latest Permian mass extinction». *Scientific Reports*, vol. 7: 12416. Ver también http://recherchespolaires.inist.fr/?Anomalie-en-nickel-d-echelle

Página 23: La expresión «The Great Dying» data de principios del siglo xx. Fue popularizada por numerosos investigadores, como Stephen J. Gould (1941-2002), para calificar la crisis biológica que marca el fin de la era primaria.

Página 28: Los traps del Decán son un apilamiento de plataformas (los «traps») que cubren 500.000 km^2 y alcanzan los 2 km de espesor, en la región de Decán, en la India. Están formados de basalto, una roca volcánica, y tienen 66 millones de años. En esa época, esta lava se extendió por el tripe de la superficie que conocemos hoy y las erupciones sin duda tuvieron repercusión mundial.

Página 37: El término «sexta extinción» parece datar de 1995, con el libro *The Sixth Extinction: Patterns of Life and the Future of Humankind*, de Richard Leakey y Roger Lewin. Sin embargo, el concepto de entrada en un nuevo episodio de extinción masiva ha sido discutido por los científicos desde los años 80.

Página 41: Abundante información sobre la historia de la caza de las ballenas en la web de la Comisión ballenera internacional (CBI): https://iwc.int/inicio

Página 42: El grabado de la ballena blanca ha sido extraído de *L'Histoire naturelle des cétacés*, de Lacépède, 1804, dibujo de Jacques de Sève.

Página 43: El retrato de Lacépède es un grabado de Ambroise Tardieu, realizado a partir de un cuadro de Jean-Baptiste Paulin-Guérin de 1842, ejecutado a partir de un cuadro de Louis Hersent.

Página 59: Descubrimiento de un pequeño rinoceronte momificado: Protopopov, A. *et al.* (2015). «The frozen mummy of the woolly rhinoceros. *Coelodonta antiquitatis Blum.*, 1799 calf: a new data on early ontogenesis of the extinct species». Abstracts 75th Annual SVP meeting, October 14-17th, 2015, Dallas, TX, p. 199.

Página 64: El dibujo de Alicia es un grabado de John Tenniel de 1869, extraído de *Alice's Adventures in Wonderland*, de Lewis Carroll.

Página 70: Descubrimiento de ADN de caballa en el océano Ártico: Berge, Jørgen *et al.* (2015). «First records of Atlantic mackerel (*Scomber scombrus*) from the Svalbard Archipelago, Norway, with possible explanations for the extension of its distribution». *Arctic*, 68 (1), p. 54-61.

Página 71: Análisis del AND medioambiental del lago Ness: https://www.otago.ac.nz/news/news/otago717609.html

Página 72: El ratón de Bramble Cay: Gynther I. *et al.* (2016). «Confirmation of the extinction of the Bramble Cay melomys *Melomys rubicola* on Bramble Cay, Torres Strait: Results and conclusions from a comprehensive survey in august-september 2014». Unpublished report to the Department of Environment and Heritage Protection, Queensland Government, Brisbane.

Página 75: Mapa de las zonas salvajes mundiales: Watson, J.E.M. *et al.* (2016). «Catastrophic declines in wilderness areas undermine global environment targets». *Current Biology*, 26, p. 2929-2934.

Página 80: Historia de la extinción de las morsas de Islandia: Keighley, Xenia *et al.* (2019). «Disappearance of Icelandic walruses coincided with Norse settlement». *Molecular Biology and Evolution*, 36 (12), p. 2656-2667.

Página 81: Las poblaciones de elefantes desprovistas de defensas: Raubenheimer, Erich J. *et* Miniggio, Hilde D. (2016). «Ivory harvesting pressure on the genome of the African elephant: A phenotypic schift to tusklessness». *Head and Neck Pathol*, 10, p. 332-335.

Página 82: Sobre el covid-19 y sobre la relación entre la destrucción del medioambiente y las pandemias: Sironi Manuela *et al.* (2020). «SARS-CoV-2 and COVID-19: A genetic, epidemiological, and evolutionary perspective». *Infections, Genetics and Evolution*, vol. 84, 104384.

Página 83: El mapa de las zonas de pesca a nivel mundial: Kroodsma, David *et al.* (2018). «Tracking the Global Footprint of Fisheries». *Science*, 359 (6378), p. 904.908.

Página 87: La contaminación de los osos polares por los contaminantes: Routti, Heli *et al.* (2019). «State of knowledge on current exposure, fate and potential health effects of contaminants in polar bears from the circumpolar Arctic». *Science of the Total Environment*, 664, p. 1063-1083.

Página 89: Mapa de las zonas marinas pobres en oxígeno: Breitburg, Denise *et al.* (2018). «Declining oxygen in the global ocean and coastal waters». *Science*, 359 (6371).

Página 93: La depredación ejercida por los gatos en las islas: Medina, Felix Manuel *et al.* (2011). «A global review of the impacts of invasive cats on island endangered vertebrates». *Global Change Biology*, 17(11), p. 3503-3510.

Página 102: La situación de los leones en 2017: «Propuesta para la inscripción del león (*Panthera leo*)» en el anexo II de la convención. Convención sobre las especies migradoras, 12ª sesión de la Conférence des Parties, Manila, Filipinas, 23-28 de octubre 2017. UNEP/CMS/COP12/Doc.25.1.3.

Página 103: En lo que respecta a la ciencia participativa, mirar las webs de Vigienature, http://www.vigienature.fr/, o de la GBIF (Global Biodiversity Information Facility, sistema mundial de información sobre la biodiversidad), https://www.gbif.org

Página 117: A propósito de la suerte de lobos y leopardos en los parques creados para osos pandas: Li Sheng *et al.* (2020). «Retreat of large carnivores across the giant panda distribution range». *Nature Ecology & Evolution*, vol. 4, p. 1327-1331.

Otros recursos:

Ceballos, G. *et al.* (2015). «Accelerated modern human-induced species losses: Entering the sixth mass extinction». Sci. Adv. 1, e1400253.

Ceballos, G. *et al.* (2020). «Vertebrates on the brink as indicators of biological annhihilation and the sixth mass extinction». Proc. Natl. Acad. Sci. U.S.A. 117, E 13596-E 13602.

Courchamp, F. *et al.* (2018). «The paradoxical extinction of the most charismatic animals». PLOS Biology 16(4): e2003997.

Dohertya, Tim S. *et al.* (2016). «Invasive predators and global biodiversity loss». Proc. Natl. Acad. Sci. U.S.A. 113 (40), p. 11261-11265.

Hallmann, Caspar A. *et al.* (2017). «More than 75 percent decline over 27 years in total flying insect biomass in protected areas». PLOS ONE 12, e0185809.

Régnier, Claire *et al.* (2015). «Mass extinction in poorly known taxa». Proc. Natl. Acad. Sci. U.S.A. 112, E7761-E7766.

Rosenberg, Kenneth V. *et al.* (2019). «Decline of the North American avifauna». *Science*, vol. 366, Issue 6461, p. 120-124.

Sánchez-Bayo, Francisco y Wyckhuys, Kris A. G. (2019). «Worldwide decline of the entomofauna: A review of its drivers». *Biological Conservation*, 232, p. 8-27.

Seibold, Sebastian *et al.* (2019). «Arthropod decline in grasslands and forests is associated with landscape-level drivers». *Nature*, vol. 574, p. 671-674.

Trisos, Christopher H. *et al.* (2020). «The projected timing of abrupt ecological disruption from climate change». *Nature*, 580 (7804), p. 1-6.

PARA SABER MÁS:

Lista roja de especies amenazadas en la web de la IUCN (Unión Internacional para la Conservación de la Naturaleza). https://www.iucnredlist.org

Living Planet Index. Web de WWF dedicado al estado de la fauna y la flora mundiales. https://livingplanetindex.org/home/index

IPBES Plataforma intergubernamental científica y política de la biodiversidad y los servicios ecosistémicos (Intergovernmental Scince-Policy Platform on biodiversity and Ecosystem Services), https://ipbes.net/

Centro de recursos Especies exóticas invasoras, http://especes-exotiques-envahissantes.fr/base-dinformation-page-daccueil/

Este libro se terminó de imprimir en Zaragoza
el mes de diciembre de 2021.

GARBUIX
BOOKS